Fashion Design

服装设计

与时尚产业指南

本书是对令人振奋且千变万化的时尚产业的全面阐述，致力于为有兴趣加入服装界的人们阐明服装设计师这一激动人心的创意角色。

为了完全理解服装产品的设计与生产方式，本书从背景、概念和展示三个方面分别阐述。首先讨论了服装历史和商业要点，介绍了当前影响行业发展的问题，以及与品牌发展、消费者研究和趋势相关的基本知识，为设计师日后扩展创意工作奠定基础。接着着重介绍概念开发，讨论了新产品开发所需工具、方法与技术。一旦设计开发完成，设计师就要使用各种展示工具来传达新产品的价值。最后讨论了各种展示技巧，作品集设计相关指南，以及简历写作和面试技巧。

图书在版编目（CIP）数据

服装设计与时尚产业指南 /（英）丹尼斯·安托万（Denis Antoine）著；翟梓辰译. —北京：机械工业出版社，2024.4
（艺领时尚书系）
书名原文：Fashion Design: A Guide to the Industry and the Creative Process
ISBN 978-7-111-75444-2

Ⅰ.①服…　Ⅱ.①丹…　②翟…　Ⅲ.①服装设计—指南　Ⅳ.①TS941.2-62

中国国家版本馆CIP数据核字（2024）第060731号

机械工业出版社（北京市百万庄大街22号　邮政编码100037）
策划编辑：马　晋　　　责任编辑：马　晋　王　芳
责任校对：肖　琳　李　婷　　封面设计：张　静
责任印制：任维东
北京瑞禾彩色印刷有限公司印刷
2024年8月第1版第1次印刷
210mm×285mm · 13.75印张 · 461千字
标准书号：ISBN 978-7-111-75444-2
定价：148.00元

电话服务
客服电话：010-88361066
010-88379833
010-68326294

网络服务
机　工　官　网：www. cmpbook. com
机　工　官　博：weibo. com/cmp1952
金　　书　　网：www. golden-book. com
机工教育服务网：www. cmpedu. com

封底无防伪标均为盗版

Fashion Design

A Guide to the Industry and the Creative Process

服装设计与时尚产业指南

［英］丹尼斯·安托万（Denis Antoine） 著
翟梓辰 译

康斯坦斯·布莱克勒（Constance Blackaller）的插画

Contents 目 录

引言

1．The history and business of fashion

第一章　时装历史与时装商业　**008**

时装的定义　009
时装历史概述　012
重要设计师　016
时装市场　020
时装界最新话题　026
　设计师简介：克里斯托弗·雷伯恩　030

2．Brands, consumers, and trends

第二章　品牌、消费者与趋势　**032**

定义品牌　033
目标客户概述　037
趋势研究　043
时装研究　049
　设计师简介：尤登·崔　054

3．Inspiration and research

第三章　灵感与研究　**056**

概念与构想　057
　案例分析：叙事主题灵感，亚历山大·麦昆，2010年春季　060
　案例分析：生活方式灵感，可可·香奈儿　062
　案例分析：三宅一生作品中的概念主义　064
头脑风暴　066
调研规划　068
收集调研　070
原创研究　075
色彩故事　077
采购材料　080

4．Textile development

第四章　纺织品发展　**084**

创意纺织品发展　085
构造表面　086
染料应用　095
印花和图案　100
装饰　104
操作　108
激光切割　110
新技术和制造工艺发展　111
　设计师简介：霍莉·富尔顿　112

5．Design development

第五章　设计开发　**114**

设计过程　115
草图、拼贴和数字媒体　117
探索廓形　124
人体模型立体裁剪　126
数字建模　130
细节化设计　132
创意采样　134
系列作品集的可视化　136
　设计师简介：库库莱利·沙欣　140

6．Presenting a collection

第六章　系列展示　**142**

展示你的设计　143
系列规划　144
时装画　147
款式图和工艺图　153
编辑范围板　158
工艺文件包　160

7．Portfolios and résumés

第七章　作品集和简历　**164**

作品集展示　165
建立品牌愿景　166
了解受众　170
有效布局　172
数字作品集　175
简历　178
基本面试技巧　180
　招聘人员简介：伊莱娜·贝茨　182

术语表　184
时装材料及其常规使用　196
草图和款式图模板　200
实用资源　214
图片来源　219
鸣谢　220

RUFFLE
DEVORE
-DEVORE → CUT & LINK
-LINK DRESS
-PUT TAFFETA

Introduction 引　言

时装设计是一个常常被误解的学科。公众对这一领域的看法通常集中于赞扬天才设计师的天生创造能力，并有意地忽视幕后工作过程。本书将向读者完整呈现这一领域。虽然本书对初学者来说有点儿晦涩难懂，但它也是令人兴奋的。

纵观整个行业，各个层次的时装设计师都面临着将商业与艺术融合在一起的艰巨任务，设计师们致力于按季度创造相关的、商业上可行的和富有创意且令人兴奋的作品。此外，时装行业的所有参与者，无论是视觉陈列师、摄影师、造型师、图案制作者还是购买者，都将在完全理解设计师的创作过程后受益匪浅。毕竟，时装品牌主要通过其创造产品的方式和原因以及其提供的艺术视野来标识自己，而不仅仅是根据产品本身。要完全理解时装产品的生产方式，就需要对多个领域有透彻的了解，最好将这些领域分为三个主要类别：背景，概念，展示。

背景是指时装产业核心历史事实和业务结构的基本知识。设计师必须对这些知识有充分的了解，才能使他们的工作有效地适应当前的时装市场。因此，第一章和第二章讨论了时装历史和时装商业的要点，介绍了当前影响产业的问题，以及品牌发展、消费者研究和趋势的基本知识，从而为扩展创意工作奠定基础。

第三章至第五章着重于概念开发，并讨论了时装产业生产新产品所需的过程。从定义灵感到收集研究并将其应用于原始的纺织品和设计开发，这部分确定了在创作过程中可用的多种工具和技术。尽管所讨论的技术与许多设计师的方法有关，但它们应被视为创造策略的出发点，并应被读者用作进行更高级个人探索和试验的起点。

一旦设计开发完成并且一条新生产线成形，时装设计师就会使用各种展示工具来传达新产品的价值。展示方式因产品的目标受众不同而有很大差异，例如款式图展示着重于工艺，而时装画以社论叙事为基础。因此，时装设计师使用的各种展示技巧是第六章的主题。正如精通众多视觉展示方式对希望进入该产业的年轻设计师至关重要一样，将作品编入专业作品集的能力也很重要。专业的作品集涉及实体和数字格式，设计师在应聘面试中以口头方式进行介绍。因此，最后一章提供了与作品集设计相关的指南，以及简历和面试技巧。

尽管时装产业在不断发展并充满挑战（无论在造型上还是在结构上），但时装设计师的角色仍将是该产业成功的关键。时装设计师集历史爱好者、战略问题解决者、业务主管、画家、雕塑家、技术人员和专家等多重角色于一身。本书致力于为所有有兴趣加入时装产业的人阐明这一激动人心的创意角色。

对面：阿什利·康（Ashley Kang）的拼贴画。

1. The history and business of fashion

第一章　时装历史与时装商业

学习目标

- 了解对时装的各种理解方式：时装作为一种文化产品，一种设计的对象，以及作为一种产业
- 学习与时装研究有关的关键术语
- 了解时装的主要发展历史
- 熟悉 19 世纪开始至今的重要时装设计师
- 了解时装市场的结构
- 注意影响时装业及其设计实践的当前问题

Understanding Fashion

时装的定义

时装是一门混杂的学科。它既是艺术创作又是一门生意，位于艺术、手工艺和工业的交汇处。为了获得成功并具有意义，设计师的作品必须将艺术性与功能性相结合，还要具有商业可行性。在深入研究该行业的设计师和商人，进行创意开发和展示之前，让我们看一下真正的时装是什么。

时装是文化产物

正如音乐和艺术表达审美偏好一样，时装传达了特定群体的着装要求。品位是文化偏好的体现，通常代表了文化的时代精神。随着文化的变化，品位会发生变化，时装也发生着变化。

就其定义而言，时装具有暂时性。大多数理论家都同意，时装并非仅仅是指我们所穿的服装，它还是一种文化语言。时装本质上受文化的束缚，因为拥有文化认同的人们最有可能共享相似的品位。例如，在大城市，如首尔和纽约的年轻人与当地农村地区的年轻人相比拥有更多相似的风格偏好。然而这些曾经非常清晰的界线，不断被社交媒体和其他形式的数字通信重绘。

时装术语定义

衣着（dress）：保护和装饰人体的物品总称，包括珠宝、衣服、化妆品、鞋类等。

衣裳 / 服装（clothing/apparel）：衣裳的主要目的是遮盖身体，使身体既不受自然环境的侵害，又能获得道德上的正当保护。

服装（costume）：能代表特定文化群体、社会阶层或民族身份。这里的服装也可能指的是历史风格，例如 16 世纪流行的西班牙 Farthingale（鲸骨圆环裙撑）；也可能指的是民族服装风格，例如 Bavarian lederhosen（巴伐利亚皮裤）。这两者都是服装的形式，但不符合当代时装的标准，可见服装（costume）往往不会随时间变化。

时尚（fashion）：一种在顶峰时期获得暂时流行和广泛使用的风格，此后不久便被另一种风格取代。这可能是指着装、音乐、食物或任何其他消费产品的模式。“时装”一词通常用作最流行的着装风格的代名词。

对面：时装秀只是时装业诸多方面之一。

在莫斯科的一家精品店展示设计师时装。

时装是设计对象

设计师积极创造时装，他们进入这个行业就是要通过创造性探索和艺术过程来进一步推动其美学语言的发展。从时装术语定义中可以明显看出，这些概念中有许多含义是重叠的，并且术语之间都有多个灰色区域。重要的是要密切注意每种衣着的预期功能，只有这样才能更好地磨炼设计实践，展现美感。成功设计时装的很大一部分在于设计师能否准确表达出其创意作品与其文化和审美情境的联系。在这种情况下，时装设计师的工作不仅在于设计服装，还在于不断创造新颖的风格，从而获得广泛的认可和欢迎。设计师如果无法清楚地了解自己的工作与不断变化的社会品位偏好之间的关系，会面临很大的风险，并且可能导致在推进无关紧要和不成功的作品时花费大量时间、精力和财力。毕竟，时装设计仍然要有经济追求。只有能够为实际受众在功能性和审美性需求上，提供有意义的解决方案的设计创新才能实现销售上的成功。

时装是一个产业

时装不仅能体现社会发展趋势，而且是设计师创新才华的产物。它是一个蓬勃发展的产业，是全球经济的有力贡献者，它通过遍布全球的供应链（supply chain）运作，从乌兹别克斯坦的采棉商到秘鲁的纺纱机厂和日本的零售商（retailer），这一全球供应链拥有数千万员工。以设计师、商人或产品开发人员（product developer）的身份加入该领域需要彻底了解现有系统的巨大潜力以及其深层次的结构缺陷，其中一些将在本章后半部分进行详细介绍（请参见第 26 页）。

尽管 20 世纪 90 年代互联网的引入使通信方式发生了革命性变化，但自 18 世纪末工业革命以来，服装制造方式并没有发生太大变化。设计师和所有其他创造性思想家，希望对时装业做出有意义的贡献并希望时装业能蓬勃发展，因此他们必须运用自身的创造力和艺术性，不仅要开发精美的产品，而且还要为时装的设计、制造、分发和销售提供创新、真实和可持续的解决方案。

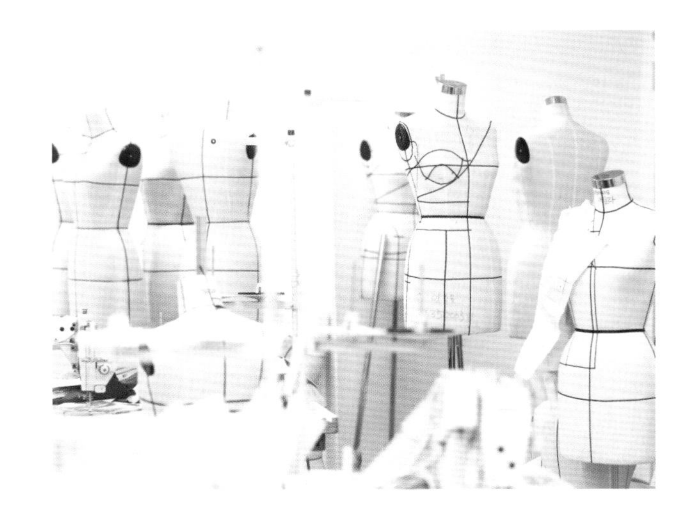

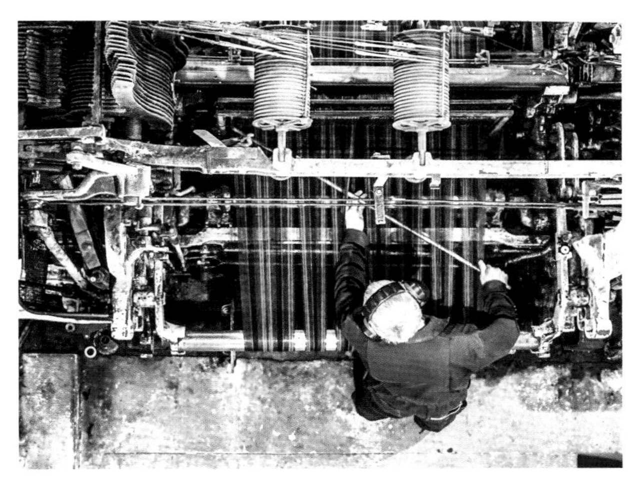

上图：首尔的一家设计新服装的设计师工作室。
下图：纺织生产设施是时装产业的一部分。

Fashion History Overview

时装历史概述

通过了解时装的历史背景，设计师可以增强做出明智创意决定的能力。 因此，设计师必须对时装业的历史和我们今天所看到的风格选择有一个基本的了解。 下面简要概括了关键主题，如果要更全面地了解时装的历史背景，请查阅“实用资源”（214 页）。

尽管时装产业在生产和制造方面已经全球化，但在欧洲、北美和日本发展起来的美学仍然指导着全球时装的视觉语言。因此，下面主要介绍这些地区的时装历史。

通常与时装相关的一个概念是奢侈品。“时装”表示暂时的风格偏爱，而“奢侈品”则注重价值。在欧洲公认的时装出现之前，世界各地已经对奢侈品有了清晰的了解。产品和材料根据其稀有性和使用难度进行分类。材料越稀缺，产品就越昂贵，就越被认为是豪华的。从中国交易来的丝绸，以及稀有染料、黄金和宝石在整个古代世界都是十分流行的，也是地位的明显象征。然而从那时起，奢侈品的象征性在许多方面都没有得到实质发展。

肖像画展现了早期的时装风格。卢瓦塞 · 利埃德（Loyset Liédet），《雷诺 · 德 · 蒙托邦的婚礼》（*The Wedding of Renaud de Montauban*），1462 年—1470 年。

欧洲时装的初始

大多数时装历史学家都同意，时装的文化现象被认知，始于 13 世纪左右的欧洲。在此之前，时装风格变化得非常缓慢。在中世纪后期，生产和贸易的迅速增长推动了服装风格的关键性转变。技术创新，例如纺车和机械织机（也称为多臂织机），使得织物的生产速度比以往任何时候都要快，并且十字军带来了来自中东的新材料和新技术。欧洲贵族宫廷的发展，以及言语和视觉交流的改善，为提高人们对新风格的认识提供了舞台和手段。现在，具有优势的服装廓形和流行服装的生命周期非常短暂，很快就会被替换。整个欧洲各地宫廷之间的竞争助推了新颖有趣的服装、配饰和各种样式礼服的积极发展。

安东尼奥·德尔·波拉约洛（Antonio del Pollaiuolo），《年轻女子的画像》（*Portrait of a Young Lady*），约 1465 年。

贵族洛可可式风格展示。弗朗索瓦·布歇（François Boucher），《蓬巴杜夫人》（*Madame de Pompadour*），1756 年。

查尔斯·达纳·吉布森（Charles Dana Gibson）的插画展示了工业革命时期流行的较简单的着装风格。《最甜蜜的故事》（*The Sweetest Story Ever Told*），约 1910 年。

帝国主义时代

从 15 世纪后期开始，西班牙和葡萄牙扩大了大西洋之间的海上贸易、美洲殖民化，并建立了通往印度的海上航线，欧洲大国通过占领世界各地的领土来获取大量财富。西班牙、英国和后来的法国宫廷成为展示财富的场所。奢侈一向是权力和社会地位的代名词，使用异国情调的材料和劳动密集型技术，使奢侈变得更加显眼。当时，纯棉平纹细布、手工蕾丝、珍珠和宝石体现了穿着者的经济和政治地位。许多人认为，法国路易十四在凡尔赛（1682 年）建立宫廷是法国几乎完全垄断新时装的开始，其垄断持续到 20 世纪。

工业革命

18 世纪后期，新技术的引入推动了大规模生产的迅速发展。包括轧花机、高产梳理机、动力织布机和缝纫机在内的工业设备彻底改变了服装生产。到 19 世纪中期，商业产品的大规模生产已经建立起来，并且在历史上第一次，欧洲和北美洲的人们很容易买到成衣（ready-to-wear）。时装不再是贵族的专属特权。新成立的百货公司（如梅西百货公司和罗德与泰勒百货公司）等大型零售商开始出售来自法国时装款式的简化版本。在此期间开发的许多技术和许多生产过程至今仍在使用。

奥黛丽·赫本（Audrey Hepburn）体现了 20 世纪 50 年代现代女性的风格。

现代时代

工业化导致城市人口增长，人们对奢侈品的追求不再集中于奢侈的商品，而是开始将新的重点放在休闲上。度假以及参加网球和高尔夫等运动的能力已成为经济实力和社会地位的表现。女性越来越多地进入各行各业。城市居民需要实用、人性化的时装，过去不切实际的服装被简单、易穿和固有的民主风格所取代。从 19 世纪末到 20 世纪 60 年代，对实用的关注是现代第一阶段的核心。在西方社会，包括青年运动、妇女解放运动和民权运动在内的文化分裂，打开了潘多拉盒子——西方社会必须包容多种意见和观点。这个时期后现代性的哲学思潮出现并发展，被许多人认为是现代的第二阶段。现代主义通常由实用设计和简化的美学来定义，而后现代主义（postmodernism）则利用现代主义所带来的大规模生产、分销和传播，并从中生发出新的应用，且注重表现力和娱乐性。

Key Designers

重要设计师

查尔斯·弗雷德里克·沃斯（Charles Frederick Worth）（英国，1825—1895）

沃斯是英国的布料商人，在 19 世纪后期成为第一位时装设计师。他是第一个向精英人士展示季节性服装系列的设计师，他还在自己做的衣服上贴上自己名字的标签。在沃斯之前，精英人士会购买面料，然后让裁缝或做针线活的妇女根据他们在宫廷中看到的风格来制作衣服。值得一提的是，设计师（而不是客户）应该带头介绍新的时装风格。他靠自己的力量一手创建了法国高级时装文化，并成立了高级时装联合会（Chambre Syndicale de la Haute Couture），该组织一直控制着高级时装市场。

保罗·波烈（Paul Poiret）（法国，1879—1944）

在 20 世纪初，波烈认为时装将摆脱过时的宫廷着装审美准则。他的作品受到东方主义、俄罗斯芭蕾舞团和幻想的启发。作为第一位不需要紧身胸衣来展示女性风格的设计师，波烈为整个世纪余下的时装现代化铺平了道路。

马里亚诺·福图尼（Mariano Fortuny）（西班牙，1871—1949）

福图尼在威尼斯而不是巴黎工作，他研制出了一种与传统制衣工艺大为不同的美学工艺。

他的德尔斐褶皱裙（Delphos dress）由打细褶的丝绸制成，让人联想到古希腊服装，它还是西方历史上第一件弹力服装。它为欧洲穿着者带来了自中世纪以来前所未有的行动自由。

可可·香奈儿（Coco Chanel）（法国，1883—1971）

香奈儿意识到社会正在改变着她，从而创造了适应这些变化的风格。她使用平纹针织（jersey）面料制成的软花呢和宽松的剪裁使其作品的功能和美学造诣都成为 20 世纪 20 年代的代表。她孩子气的造型和简约的调色板（color palette）反映了第一次世界大战后女性角色的变化。

玛德琳·薇欧奈（Madeleine Vionnet）（法国，1876—1975）

薇欧奈发明了斜裁（bias）技术，包括对角剪裁，这使织物（如绉绸和绸缎）具有半拉伸性能。这个技术使得薇欧奈创造出具有自然优雅感的服装，并为穿着者提供了舒适感，方便运动。

艾尔莎·夏帕瑞丽（Elsa Schiaparelli）（意大利，1890—1973）

夏帕瑞丽创建的风格在 20 世纪 30 年代后期极具影响力，并且仍然启发着川久保玲（Comme des Garcons）、梅森·马丁·马吉拉（Maison Martin Margiela）和维果罗夫（Viktor & Rolf）等品牌。她与她的超现实主义朋友萨尔瓦多·达利（Salvador Dali）和让·谷克多（Jean Cocteau）加强艺术合作，并有效地将概念性设计（conceptual design）的理念引入了时装领域。

克里斯汀·迪奥（Christian Dior）（法国，1905—1957）

迪奥于 1947 年推出的造型被称为“新风貌”（New Look），它重新定义了女性气质。在 20 世纪 30 年代和第二次世界大战期间，妇女在工厂、建筑行业和军队中担任原来由男性承担的角色。随着尼龙等新材料的发明和使用，迪奥从 19 世纪的沙漏造型中汲取灵感，设想了一种浪漫、超女性化的时装，并在 20 世纪 40 年代末和 20 世纪 50 年代初引起了女性的共鸣。

克里斯汀·迪奥，「新风貌」，1947

克里斯托夫·巴黎世家（Cristóbal Balenciage）（西班牙，1895—1972）

巴黎世家被他的同时代人以及此后的大多数设计师视为大师。他的剪裁方法和量感更像雕塑，而不是像传统的裁缝一样。他与纺织厂合作开发了新材料，这些新材料将在不妨碍运动和功能的情况下，支持他开创性的造型设计。

伊夫·圣·罗兰（Yves Saint Laurent）（法国，1936—2008）

伊夫·圣·罗兰是第一个接受后现代设计美学原则的设计师，他从不同的文化和社会群体中汲取了灵感，这些群体在传统上不被认为是流行服饰的来源。他的女性燕尾服，模糊了性别界限，展现了一种全新的女性魅力。

侯司顿（Halston）（美国，1932—1990）

20 世纪 70 年代在时装界占主导地位的美国时装设计师侯司顿（总是以他的姓氏著称）呈现了一种标志性风格。这种风格融合了简约和优雅。他大量使用斜裁技术来创造雕像式的奢华轮廓。他设计的衬衫式连衣裙和羊绒两件套确立了时装简约主义的美学语言。

维维安·韦斯特伍德（Vivienne Westwood）（英国，1941—2022）

韦斯特伍德将朋克元素带入了时装。她积极参与了 20 世纪 70 年代伦敦的亚文化青年活动，与此同时展示了一种时装视野，这种新的时装视野打破了传统的以社会地位为中心的风格界限。她的作品经常引用无政府主义和反传统主义，并将高级和低级，高级时装和劣质的东西碰撞在一起。

三宅一生（Issey Miyake）（日本，1938—2022）

三宅一生致力于技术创新。他与工业工程师和纤维科学家合作，一起探索制造服装的新方法。他是 20 世纪 70 年代第一个引入人造鞣皮的人，并且以 A-POC 和三宅之褶（Pleats Please）系列的作品而闻名。

川久保玲（Rei Kawakubo）（日本，1942 年出生）

川久保玲的品牌 Comme des Garcons 打破了传统设计和制造时装的所有规则。她的前卫作品是通过抽象的概念构思的，构思的过程中会产生意想不到的，激进的，甚至令人讨厌的结果。川久保玲以自己的工作方式建立了一个创意平台，我们所熟知的马丁·马吉拉（Martin Margiela）和赫尔穆特·朗（Helmut Lang）等设计师都从该平台获益。

山本耀司（Yohji Yamamoto）（日本，1943 年出生）

日本传统的侘寂（wabi-sabi）思想包含不完美之美，这种思想主导着山本耀司的创作。他的作品故意显得粗糙、未完成或被磨损。

约翰·加利亚诺（John Galliano）（英国，1960 年出生）

受川久保玲的概念主义和韦斯特伍德以亚文化为中心的设计方法的强烈影响，加里亚诺开发了一种被称为“历史拼贴画”的风格。他的作品包含了后现代主义的表现力，并提出了“多即是美（more is more）”的美学观。他主要因在克里斯汀·迪奥和梅森·马丁·马吉拉担任创意总监时所制作的奢华作品而闻名。

亚历山大·麦昆（Alexander McQueen）（英国，1969—2010）

亚历山大·麦昆被许多人尊称为 21 世纪初期最有影响力的设计师。他将历史、艺术和时装融合在一起，在这个过程中重新定义了这一领域能够实现的目标。他的作品的展示方式更像是表演艺术，而不是时装秀，并且他的风格结合了传统的奢华、浪漫优雅和自信。

查尔斯·弗雷德里克·沃斯

保罗·波烈

马里亚诺·福图尼

可可·香奈儿

玛德琳·薇欧奈

艾尔莎·夏帕瑞丽

克里斯汀·迪奥

克里斯托夫·巴黎世家

伊夫·圣·罗兰

川久保玲

侯司顿

山本耀司

约翰·加利亚诺

三宅一生

亚历山大·麦昆

The Fashion Marketplace

时装市场

为了能够在这个充满挑战的产业中有效地为设计和销售（merchandising）做出贡献，了解构成时装产业的现有结构是十分必要的。企业在各个领域开展业务，选择自己喜欢的价格范围并定义理想的销售策略。了解这些可能的方向，都可以为今后进一步设计研究提供宝贵的核心要点。

业务种类

为了进一步加深对时装产业的了解，让我们来看看推动全球业务发展的三种主要企业类型：零售商、制造商和承包商。

零售商（retailer）将产品出售给用户或消费者。零售商可以是独立的奢侈品店，例如伦敦的 Brown's，也可以是价值数十亿美元的超级公司，例如 TopShop。零售商通过多种渠道开展业务，包括实体店以及电子零售和移动购物等数字平台。

制造商（manufacturer）创造新产品并将其出售给零售商。通常，时装制造商会通过时装秀或贸易展览会上的发布会进行新商品的发布，例如 Pitti Uomo（佛罗伦萨男装展）或 Magic Marketplace（拉斯维加斯国际服装服饰博览会）。这些公司主要通过以批发价（wholesale）将商品设计卖给零售商来获得收入。一些制造商可能还会直接经营一些品牌的“旗舰店”。

上图：零售商通常将自己定位在品牌集中的环境中，例如在繁华的商业街区或购物中心，此图是在德国慕尼黑。
下图：伦敦的哈罗德（Harrods）是一家标志性的奢侈品百货商店。

上图：时装制造商德赖斯 · 范诺顿（Dries van Noten）通过时装秀向买家和媒体展示新系列。
下图：服装裁剪完毕，准备在时装承包商工厂生产。

承包商（contractor）制造产品，供零售商出售。这些公司根据制造商提供的设计规格以及零售商要求的数量生产服装、配饰和其他时尚产品。承包商通常专门从事服装生产，例如针织、机织、印花生产、制作牛仔布或裁剪。除了欧洲、日本、韩国和北美的高价产品外，近几十年来，绝大多数服装承包商先后在巴基斯坦、孟加拉国、越南和中国等国家建厂。这些国家的最低工资较低，从而降低了生产成本并允许零售商以较低的价格出售。

在多个地区同时开展业务的公司（Companies that operate in multiple areas simultaneously）使用一种称为垂直整合（vertical integration）的策略。例如，Zara 通过控制其所有零售和产品开发以及直接控制其大部分生产设施和材料开发，建立了非常成功的商业模式。这使得企业变得非常灵活，能灵活响应客户的需求，每周多次推出新产品。

右图：郭培高级时装，2018 年秋季。
下图：华伦天奴高级时装，2018 年秋季。

市场级别

时装市场的另一个重要分类是市场级别（market level）或定价范围。制造商、零售商和承包商可以在不同级别或范围内开展业务。

高级时装（haute couture）是一个法语短语，字面意思是“高级缝纫”，该术语通常被误用作“高端”时装的代名词。高级时装的精确定义是专门为一个客户创造和生产的定制设计和定制产品，通常涉及大量手工制作（construction）方法。从本质上讲，高级时装不能以标准尺寸批量生产。香奈儿、克里斯汀·迪奥、阿玛尼·普里维（Armani Privé）、艾莉·萨博（Elie Saab）和维果罗夫是在这个市场级别上运营的品牌。在法国，这一级别由高级时装商会（Chambre Syndicale de la Haute Couture）规定，该商会确定哪些设计师可以正式展示和销售其高级时装。该商会保护这一市场级别的完整性，并将其作为法国文化遗产的重要组成部分。

成衣（ready-to-wear，RTW）是任何以标准尺寸批量生产的服装的名称。该术语不反映服装的定价水平。实际上，它可以用以下任何一种形式定价。

设计师级别（designer）市场都是高端的，成衣产品线通常带有设计师或机构的名称。专注于高级时装的设计师利用这种级别，让他们的品牌能够被更广泛的受众群体所接受。华伦天奴（Valentino）成衣、亚历山大·麦昆、古驰（Gucci）和普拉达（Prada）都是这个市场级别的例子。

桥梁级别（bridge level）多通过品牌传播（diffusion），它介于设计师定价的产品和品牌广泛分销的产品之间。维维安·韦斯特伍德之红牌（Vivienne Westwood Red Label）、马克·雅可布之马克（Marc by Marc Jacobs）和迈克高仕（Michael Kors）属于此市场级别。

贝特尔级别（better level）的产品与广泛分销市场上的普通产品相比，设计和生产采用更高级的面料和表层材料。J. Crew、香蕉共和国（Banana Republic）、埃斯普利特（Esprit）、French Connection 和 COS 等品牌都是该级别很好的例子。

中等级别（moderate level）主要在高街（high street，即商业街）或购物中心中普遍存在。Gap、H&M、Zara 和全球大多数知名连锁品牌都在此空间内运营。

经济型级别（budget level）（或大众市场）是最低的定价级别，通常与折扣店和低价品牌相关。这一级别以沃尔玛（Walmart）、老海军（Old Navy）、T.J./T.K. Maxx 和 Primark 等零售商为代表。

右图：维维安·韦斯特伍德男装（Vivienne Westwood MAN），桥梁级别品牌。

下图：香蕉共和国，贝特尔级别零售商，新加坡。

左图：汤姆 · 布朗（Thom Browne），设计创新者，在时装秀展示坚定的设计。

右图：作为设计诠释者，埃特罗（Etro）展示了创意与耐磨性的完美融合。

营销策略

所有市场级别的公司都必须采用清晰的营销策略来进行设计和创意展示。营销策略对建立强大的品牌方向并产生有效的品牌信息至关重要。设计师和产品开发人员可以从三个方向进行选择：创新，诠释，模仿。

设计创新者（design innovators）不追随当下的潮流。他们以注重艺术的过程创造产品。他们的创新成果来自新颖、独特，有时甚至极端的观点。尽管设计创新者的想象力可能会引起狂热的追捧，但他们通常处于定价区间的高端，并且通常是那些较小的公司愿意为设计师的艺术才能承担创新风险。川久保玲、三宅一生、维维安 · 韦斯特伍德和亚历山大 · 麦昆是设计创新者的典型代表。

设计诠释者（design interpreter）比设计创新者在艺术上受到更多限制。他们经常将创新过程与自己对竞争对手和零售商的充分了解结合起来。他们对零售趋势的了解和把握使他们能够制作出吸引更多受众的产品线。埃特罗、纳西索 · 罗德里格斯（Narciso Rodriguez）、阿尔伯特 · 菲尔蒂（Alberta Ferretti）和莫尼克 · 鲁里耶（Monique Lhuillier）都采用了这种营销策略。通过采取这一设计方向，这些公司能够开发出既让人觉得有创意价值，又便于在日常生活中使用的产品。

Zara 以设计模仿成功而闻名。

设计模仿者依赖直接从其他品牌或街头风格中汲取创意线索。诸如 Zara 和 H&M 之类的公司非常注重盈利能力，并且选择不将大量财务资源用于培养设计师。相反，他们专注于从其他时装秀或 WGSN 等公司的趋势报告中选择有效且具有战略意义的产品样式。这种策略与快速生产和分销策略相结合，使设计模仿者能够以低廉的价格生产出多种样式，进而产生大量利润。

媒体对时装界的报道大多侧重于创新者和诠释者，然而在这个产业中，一些规模最大、实力最强的公司是那些预算有限、规模适中的模仿者。例如，根据 2017 年财务报告，Zara 的母公司 Inditex 的销售额超过 250 亿欧元，而最具影响力的奢侈品集团之一并且控制着巴黎世家、亚历山大 · 麦昆、古驰、葆蝶家（Bottega Veneta）、圣 · 罗兰的开云集团（Kering）的总收入仅为 155 亿欧元。这些数字还反映了市场中可用的职业机会：经济型级别市场中的总就业人数大大超过了奢侈品行业的总人数。

培养未来时装人才的教育机构正在适应这些变化。虽然许多机构和项目注重创造力和艺术性，这是培养优秀设计师的必要条件，但他们也增加了一些课程，以培养时装人才对背景、当前产业的挑战和商业的理解。

Current Issues in the Fashion Industry

时装界最新话题

从历史的角度来看，时装产业令人惊讶。直到 19 世纪后期，包括时装在内的商业产品的大规模生产才成为现实。就像任何其他新兴的产业一样，时装产业也出现了一些严重的发展难题，尤其是在最近几十年中。

成本驱动供应链管理的影响

许多公司已经习惯于仅根据成本来选择经销商和承包商的供应链。这种以成本为驱动力的策略已经产生了一些负面影响，这些负面影响已成为业内许多反思的主题。基于这些担忧，许多公司制定了社会责任框架，即公司应该支持整个社会的福利，并对自己的行为负责。

公平就业

成本驱动模式可能会助长强迫、低薪或虐待雇佣工人的行为。2013 年孟加拉国拉纳广场（Rana Plaza）灾难等事件，将这种风险带入了公众视野。当时，一幢包含服装厂的大楼倒塌，导致 1134 名工人死亡。许多公司正在改变他们的采购惯例，以确保他们的产品只在工厂生产，遵守可接受的就业标准。目前有待解决的问题是，亚洲的许多生产被转包给了大量代工厂，却没有向制造商适当公开。

手工制作运动的发展和工艺驱动型公司的复兴，很可能是人们对劳动伦理意识增强的结果。

环境影响

在做环境影响分析时，经常将时装产业列为第二大污染，仅次于化石燃料产业。这种环境污染是由生产服装所需的原材料和全球供应链运作所需的分销网络产生的巨大碳足迹造成的。此外，目前时装产业仍有巨大的改进空间，应在保护环境、避免浪费的基础上追求利润。

一些时装公司鼓励消费者在现有衣服不能穿之前购买新的样式，以谋求利益。“计划性淘汰”指的是那些不流行或不当季的服装应该被丢弃，替换成新的样式，这从根本上违背了环境可持续性的原则。

公众对这个问题的日益关注意味着时装产业在不久的将来必然会发生变化，设计师、创意总监以及这个领域的所有领导者都会做出相应的调整。

对面：发展中国家的服装工人在当前的全球时装供应链中扮演着重要的角色（下图是孟加拉国的达卡）。

时装供应链
从线性到循环

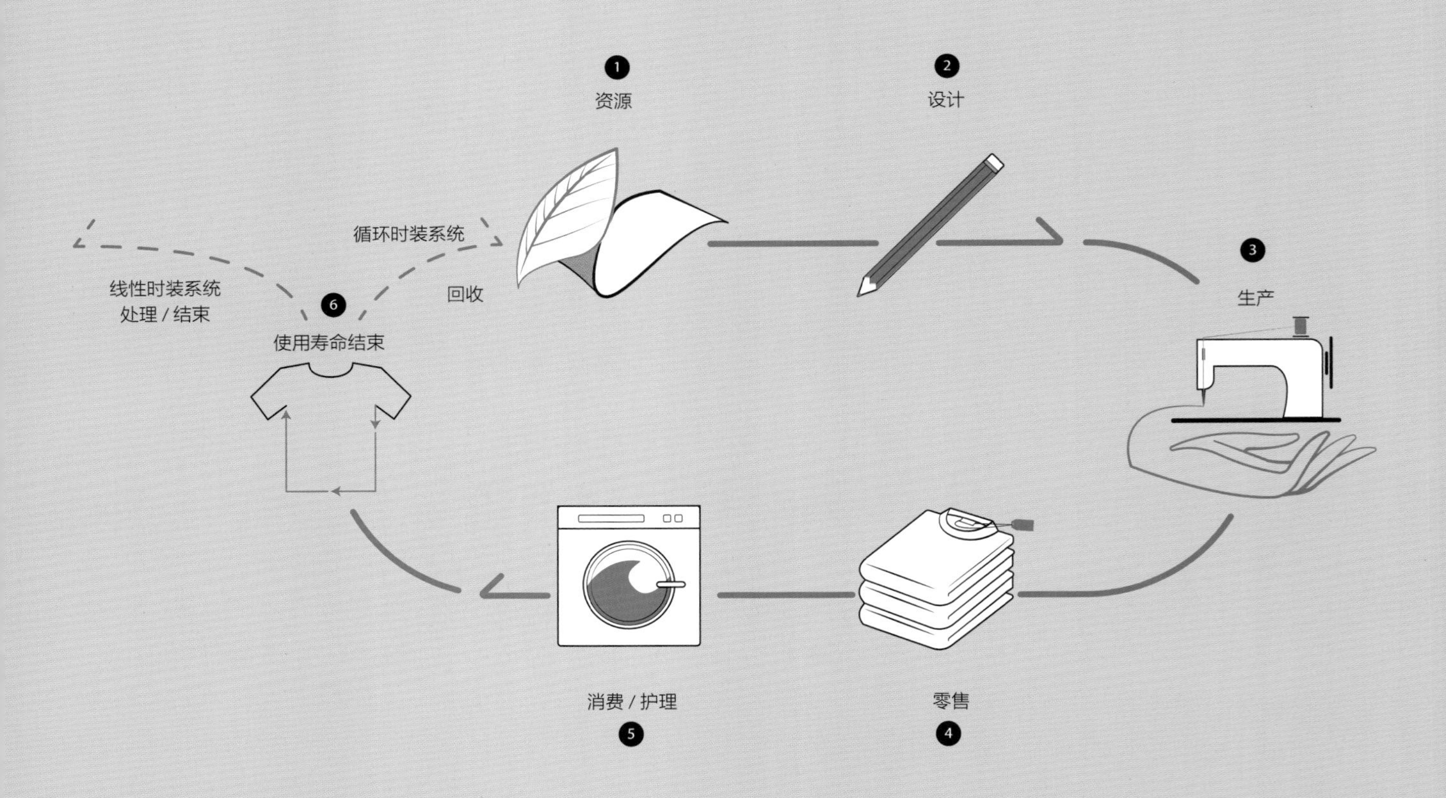

重新定义零售：日本城市研究中心打造的虚拟更衣室。

要以完全可持续的方式运营，就必须非常精确地认识到采购、生产和分销的每个环节如何影响环境。这包括生产有机纤维，使用完全回收利用和可回收利用的材料制成的织物，采用有毒染料的替代品，并对全球生产和运输服装需要的化石燃料做出清晰的计算。

尽管一些时装公司（例如 H&M 和开云）已经尝试在其设计和生产实践中实现可持续性，但是这种努力通常十分有限。许多方案并不是真正的系统性解决方案，而只是宣传的噱头。

在环保领域真正的领导者中，巴塔哥尼亚（Patagonia）独树一帜。这个品牌的整个样式都注重环保，它不仅广泛使用再生纤维，而且还使人们对耐用性价值产生了根深蒂固的信念。环境可持续原则在品牌的各个方面都得到了贯彻，巴塔哥尼亚甚至鼓励消费者修复和修理旧产品，而不是丢弃和更换。

传统零售面临的挑战

数字媒体和在线零售的兴起从根本上影响了传统零售模式。传统的实体店一年只针对新产品备货几次的观念不能满足公众对不断创新的期望。现在，消费者可以在几分钟内比较竞品并在网上或通过手机购买他们想要的任何东西。消费者还可以即时访问来自全球的产品。实体零售店必须重新定位自己的角色，因为它们已经被新模式超越。具有前瞻性的实体零售商了解数字平台提供的独特可能性，并将其整合到他们的实体环境中以提供真正令人兴奋和新颖的体验。

数字时代为大规模定制的可能性打开了大门。匡威（Converse）和耐克（Nike）等公司已使用在线平台，使消费者可以自定义自己喜欢的样式，选择颜色、装饰（Trim）和细节，并定制个性化产品。近年来，各种各样的品牌已经开始提供定制的或量身定制的服务，这些服务通过在线和移动平台提供的直观访问功能而得到加强。

Designer Profile: Christopher Raeburn

设计师简介：克里斯托弗·雷伯恩

克里斯托弗·雷伯恩是 RÆBURN 的创意总监。在接受此次访谈之后，他被天伯伦（Timberland）任命为全球创意总监。

什么促使你想成为设计师？

我在英格兰肯特郡的一个小村庄长大。我的成长经历中有丰富的户外活动和发明创造。从 11 岁起，我成了航空学员并学会了飞行。我从小就迷恋军用服装和原始功能面料。事实上，我不将自己定位为一名普通的时装设计师。我的兴趣在于过程、效用和功能——研究一些东西并确保它最终是值得的，这些东西可以从不同的角度来考虑。因此，我认为我既是产品设计师，也是时装设计师。

你如何形容你的品牌？

我们开展业务的每件事都以所谓的 4R 为基础：改造（REMADE）、减少（REDUCED）、回收（RECYCLED）和 RÆBURN。改造致力于解构和重建原始物品，如我们用过救生筏、军用毯子、热气球等物品……您也可以指定一种。改造的每件作品都是限量版的，我们在伦敦东部的工作室中自豪地对其进行了切割和重建。我们会最大限度地减少碳足迹，使用有机棉并与当地制造部门合作。回收是指重复使用现有材料并利用绿色技术。例如，我们的许多外套是由塑料水瓶制成的，这些水瓶被磨成小球，然后被切成纤维，再重新编织成织物。

你为什么选择这个市场定位？它给你提供了什么机会？

事实是市场选择了我。我一直很坦率地说，我根本就没有打算创建一家可持续发展的公司。我从一开始就使用再生材料。当我还在上大学时，外出寻找原始物品，然后将它们制成新的东西，这是一件非常令人兴奋的事情。我对军事材料、实用服装和基本功能的迷恋自然地产生了“REMADE IN ENGLAND”哲学。在创业的五年后，我还发现我奶奶结婚时穿的是一件降落伞丝绸做的裙子。这让我很着迷，也是一个很好的意外发现。

大约在十年前，我创立了这个品牌，最终它让我得以发展自己的业务，拥有一支出色的团队并与一些世界上最好的品牌合作。

你选择的客户和市场是如何影响你的设计方法的？

我们一直在努力通过分析、研究和品牌定位来确定我们的目标客户，并将其作为营销策略的一部分。因此，我们在四种不同类型的客户中找到了机会，这些客户都是 30 多岁的男性或女性，他们都在寻找好的设计质量和品牌故事。每一件物品的来源对我们的客户来说非常重要。我们在周末开设 RÆBURN 实验室的部分原因是为了真正满足我们的客户。获得第一手反馈对我们来说是非常有益的。

你如何看待你所在行业的未来？

这就是未来！我认为一名设计师有义务考虑自己在做什么以及为什么；最终，我们希望做出强大的、可持续的选择，为客户提供完全独特和理想的产品。很多人都在纠结循环经济到底会是什么样子。我相信，有了技术，我们就有了真正的机会，可以让事情变得更好。

你在发展业务时遇到的主要挑战是什么？

在过去的十年里，我们经历了发展小型企业的每一个挑战，从现金流到技术升级。由于改造业务的性质，采购和制造方面的挑战是日常头疼的问题，但这也是乐趣的全部！可持续品牌面临的共同挑战是完全回收材料的最低订购量。对于年轻的设计师来说，这更加棘手。使用再生材料的成本通常要高出 30%。

2. Brands, consumers, and trends

第二章 品牌、消费者与趋势

学习目标

- 了解如何定义品牌
- 使用研究和可视化流程来建立强大的客户群
- 理解趋势研究的结构和用途
- 熟悉时装研究的目的和实际应用

Defining a Brand

定义品牌

设计是创造性和战略思维之间的一种具有挑战性的平衡。所有品牌必须传达清晰的信息，并以一种有意的，可理解和独特的方式向受众群体展示自己。为此，时装企业必须在发布任何新产品之前规划一个明确的方向，因为品牌出售的任何产品都需要体现这一愿景。知名企业通常专注于保持和加强他们现有的品牌标识（brand identity），初创的时装企业必须从积极关注品牌开始。有效的品牌设计是所有初创企业必不可少的一步，它依赖于对市场动态和消费者行为的综合分析。

什么是利基市场?

在确定完整的品牌发展方向之前，设计师和销售商必须首先为他们的预期业务确定合适的利基（niche）市场。利基市场是一个小众领域，这样才能让企业对消费者来说是独一无二的。以牛仔市场为例。虽然有很多企业迎合这一产品领域的需求，但每个品牌都专注于特定的消费者群体，这提供了更强的品牌认同感。例如，认同威格（Wrangler）所展示品牌标识的消费者不太可能对安普里奥·阿玛尼（Emporio Armani）或赛文·弗奥曼德（7 for All Mankind）等品牌做出积极回应。这产生了一种被称为垄断竞争（monopolistic competition）的竞争策略，其中每个品牌的目的都是为了创造独特感，从而使自身通过市场定位在细分领域中处于垄断地位。

右图：“真实信仰”牛仔（True Religion）已成功为自己打造了高端牛仔服装领域的市场定位。
对面：全球知名品牌香奈儿的时装秀。

巴宝莉的主要产品，女演员李冰冰身上的风衣。

选择产品领域

确定合适的利基市场的出发点是确定主要产品，在此基础上建立品牌声誉。显然，大多数品牌都有各种各样的产品，但实际上市场上几乎每个品牌都是从一个核心产品发展出来的。设计师品牌，例如巴宝莉（Burberry）和香奈儿，每季都有各种各样的造型，但是每个造型都是非常特定的服装的代名词，即巴宝莉风衣和香奈儿花呢夹克。因此，新的设计师和品牌必须首先确定其预期的产品重点。产品领域可以由特定的服装（apparel）类别来定义，如牛仔布、针织服装、外套或礼服，就像迪赛尔（Diesel）、索尼亚·里基尔（Sonia Rykiel）、盟可睐（Moncler）和艾莉·萨博的例子一样。或者，品牌可以根据预期目的来定义其产品领域，例如运动服、职业装或休闲装，分别以锐步（Reebok）、蕊丝（Reiss）和李维斯（Levi's）为例。专注于服装设计的挑战在于，这样的选择可能过于笼统，还需要进一步细化。打算推出新品牌的设计师应根据自己的才能和创造兴趣来选择产品领域。遵循“专注于自己擅长的事物”和“做让自己快乐的事情”，可以极大地帮助新品牌在拥挤的市场中展现创新和令人兴奋的想法。

发现市场机会

要使一个市场定位为能为新业务的增长提供合适的机会，它目前必须是未被占领的。因此，利基市场选择的第二步是评估所选产品领域内竞争品牌的产品。在一个有价值的利基市场的基础上，确定当前未满足需求的可能的细分市场。市场上这些未开发的领域通常称为市场开放（market openings）。

确定市场是否开放的实际方法是使用一组参数来分析现有品牌。根据价格、流行度、创造力、技术等参数，在一个标准化评级系统上对它们进行评估。为该过程选择最有效的标准取决于其中哪一个对目标消费者而言最重要。例如，如果我们专注于设计师级别的商业定制市场，就有可能使个人品牌从传统模式转换到实验模式上。布鲁诺·库奇利（Brunello Cucinelli）、奥斯卡·德拉伦塔（Oscar de la Renta）、亚历山大·麦昆和维维安·韦斯特伍德等品牌在这个市场内处于不同的水平。目前还没有相关品牌的市场定位分析表明这一市场处于开放状态。当然，此过程的有效性在于分析的彻底性。在更大的市场中只针对少数几个品牌进行分析，会产生潜在市场开放的虚假迹象。

与布鲁诺·库奇利（Brunello Cucinelli）的定制作品（上图）相比，维维安·韦斯特伍德裁剪（左图）表达了非常不同的品牌价值。

品牌价值

无论是创立新品牌还是为现有业务做设计，品牌价值都是所有设计、促销和运营决策的基础。每个品牌都遵循一系列核心原则，这些原则必须与目标消费者的个人价值观相联系。虽然每一个价值概念都可以用绝对的术语来表示，但是在对立原则的范围内考虑每一个价值陈述是最有益的。

通常与时装产业相关的价值包括：

- 排他性 – 可接近性
- 奢侈品 – 负担能力
- 古典主义 – 创意创新
- 正式 – 休闲
- 质量 – 时尚
- 传统 – 科技
- 道德 – 成本驱动

一旦品牌确立了它的核心价值观，这些价值观将推动品牌向某一方向发展，并随着时间的推移保持一致。因此，每个品牌每天都面临着双重挑战，既要创造创新的季节性产品和促销活动，也要忠于其品牌价值。季节性创新对于吸引媒体、消费者的注意力很重要，但是，如果没有坚持品牌价值所带来的审美连续性，那么这些时装系列就会显得分散而混乱。通过观察一家设计公司的各种时装系列，发现不同季节之间的差异和共性，我们很容易看出这种双重挑战的存在。这些共性就是贯彻品牌价值所产生的明显结果。

为了成为这个产业的有效贡献者，所有设计师、营销专家、广告主管和社交媒体策略师不仅必须了解其所服务公司的品牌价值，还要将这些价值转化为产品和形象，有效地向其目标消费者传达品牌所代表的意义。

商店的陈列，比如伦敦维多利亚·贝克汉姆（Victoria Beckham）旗舰店优雅的建筑空间，旨在吸引愿意欣赏该品牌创意信息的消费者。

Customer Profile

目标客户概述

在艺术性和创造性审美表达的驱动下，时装产业中的任何公司都必须产生足够的销售额以保持财务健康，因此必须创造与其目标客户相关的产品。为了有效地做到这一点，有必要在不断发展的社会环境中了解消费者。在深入研究客户细分和客户分析（customer profiling）过程之前，让我们先定义什么是消费（consumption）。

从简单的经济角度来看，消费是指购买商品或服务的行为。然而，时装理论将消费进一步理解为一种身份认同行为。每次我们购买一件衣服或配饰时，我们都在细微地改变自己的形象。每件衣服都具有象征性价值，部分由其功能、形状定义，部分由其品牌和审美联系决定。通过选择穿一件而不是另一件，消费者选择了他们在视觉上如何向世界展示自己。从这个意义上讲，消费时装是一种生活方式驱动的过程，是个人表达与个人适应社交伙伴的需求之间的持续对话。

客户细分

通常根据一系列研究方法来了解消费者，包括人口统计特征、心理、世代群组和生命阶段。每一种方法都有可能带来好处和挑战，这使得许多时装公司采用组合方法。细分的目的是将较大量的人群分成较小的群体，制造商和零售商将更容易理解和确定目标。客户细分的方法往往集中于定量研究（基于统计和数字）或定性研究（基于思想和观点）。通过以下方式得出分组：

人口统计特征（Demographic）包括可量化的数据——年龄、地理位置、种族、收入、教育程度和职业，是客户细分的重要组成部分。它们可以提供易于理解的分组，这些分组具有统计上的相似性，但是并没有提供太多有关行为模式、审美偏好和决策过程的信息。

心理变数（Psychographic）侧重于对消费者群体的定性分析。这种方法以观点、信仰、价值观和偏好为目标，这些信息对于理解消费者为什么偏爱某些产品或品牌非常有用。

普拉达等品牌通过精心策划的视觉商品吸引消费者。

左图和右图：年龄、职业、兴趣和价值观等许多因素使得不同消费者优先考虑的因素差异很大。
下图：城市汇集了各种各样的消费者，为品牌发现新市场提供了巨大的机会。

多代广告，如汤米 · 希尔费格（Tommy Hilfiger）活动一样，旨在扩大品牌吸引力。

与传统的人口统计学相比，心理统计学涉及的研究过程更具挑战性，需要更多个人化和耗时的数据收集方法，例如访谈、焦点小组和问卷调查。所收集信息的性质，使数据可能更难被分析。

世代群组（generational cohort）是指按照其所属的世代确定其行为模式和消费偏好的消费者群体（见下表）。与每代人成长岁月相关的社会文化事件会影响个人的长期消费和社会参与模式。尽管这种细分可以对社会的各个部分提供一定的广泛了解，并可能有助于规划长期的商业战略，但在较小的群体规模中就无法提供很多可操作的信息。

生命阶段（life stage）的目的是在人口统计数据之外提供理解行为的额外细化信息（请参见第 40 页的图表）。这些信息探讨了重要的个人事件如何影响消费者与他们的社交环境以及消费过程本身的关系。我们可以很容易地理解，与没有相同财务和家庭义务的同龄人相比，正在偿还大学贷款、有房贷和养育子女的消费者将做出非常不同的选择。

世代群组	沉默的一代	婴儿潮一代	X 世代	千禧世代	Z 世代
生于	1925—1945	1946—1964	1965—1979	1980—1995	1996—至今
关键行为特征	致力于共同事业，有强烈的责任心、忠诚度和奉献精神。只购买他们负担得起的东西	不信任权威。专业竞争激烈。购买信贷商品的第一代人	持怀疑态度，有强烈的安全需求。以金钱和自力更生为动力。谨慎的买家	宽容，理想主义，对社交有强烈的需求。在经济上依赖父母的时间比前几代人更长	高水平的技术熟练度。天生的企业家。又称互联网世代

消费者生命阶段（CONSUMER LIFE STAGES）

生命阶段	特征	优先级
独身生活	年轻并单身	娱乐和休闲
蜜月新人	年轻的夫妇，没有孩子	体验，房地产，家居用品
亲子关系 1	年轻的夫妇，子女处于从婴儿到小学生的阶段	儿童服装，家具，医疗服务，儿童托管
亲子关系 2	有受抚养子女的中年夫妇	教育，食物，衣服，娱乐
育儿后	有受抚养子女的年长夫妇	家政服务，高等教育，奢侈品，体验
儿女长大离家	有独立子女的年长夫妇	医疗，安全，价值
独居老人	退休的单身老人	医疗和法律服务

客户可视化

设计师和所有与他们合作的创意团队必须能够清楚有效地理解和描述目标客户。实现这一点的最佳工具通常是客户资料（customer profile）。尽管这可能有多种形式，无论是在设计工作室中的图像墙，设计师作品集（portfolio）中的页面，还是公司网站上的正式声明，其目的都是确定品牌的目标客户。

将客户可视化的方法通常是最有效的，因为仅以文字形式描述客户有时会产生模糊或不清楚的表述。无论采用哪种形式，第一步都是列出目标客户的主要审美价值。在列出价值时，最重要的是具体化。诸如“前卫”和“独特”之类的词模棱两可，对不同的人可能意味着不同的含义。因此，列出消费者的核心生活方式价值观应该是一个谨慎而有见地的过程。

有效的审美价值术语举例

富有想象力，浪漫主义，异想天开，深刻，精神，表现力，博学，足智多谋，艺术，“觉醒”，自信，切实可行，害羞，善于交际，面向家庭，流行，幽默，艳丽，变化多端，务实，雄心勃勃，风度翩翩，令人生畏，顽皮，时髦

一旦为目标客户确定了核心审美价值，这些术语就可以用来寻找形象化描述人们生活方式的图像。特异性是很重要的。每个图像都表达了对搜索关键词具有细微差别的解释，因此通过足够的信息以对目标客户进行精准定位是非常重要的。在此过程中收集的图像通常包括：

室内设计（interiors）：消费者的个性通过他们所处在的空间能够非常明显地表现出来。收集住宅内饰（客厅、卧室、阁楼、公寓等）以及公共场所（画廊、酒吧、饭店和博物馆）的图像。

艺术（art）：像室内设计一样，消费者认为美的那种艺术图像有助于有效地描绘出他们的个人品位（taste）。

产品 / 对象（products/objects）：虽然某些产品可能太笼统而无法促进消费者的可视化过程，但是具有特定视觉特征的定向产品可以提供有关消费者风格偏好的信息。例如，在可视化环球旅行者时，要包括他或她在旅行中收集的物品的图像。还应仔细考虑所选择产品的独特价值。

街头风格（street style）：这可能是一个非常有效的工具，可以将目标客户形象化为一个可关联的人。社论（editorial）摄影不应该用于此，因为它往往过分风格化，并消除了摄影主体的许多人文特质。更确切地说，应该寻找那些与目标客户有着共同审美价值观的人的照片。

在分析目标客户的过程中，一些常见的陷阱包括选择不精确或过于笼统的价值术语或图像。属于该潜在问题区域的视觉图像类型有：

一般城市景观（generic cityscapes）：考虑到居住在纽约或伦敦等城市的人口数量，其天际线图片无法提供有关目标客户的大量信息。

普通配饰、珠宝和化妆品（plain accessories, jewelry, and cosmetics）：简单的高跟鞋、珍珠项链和钻戒等物品已被社会广泛使用，因此不足以提供针对特定品牌的消费者资料。

饮食（food and drink）：其功能性的本质往往限制了饮食意象的审美交流。

公众人物（celebrities）：避免使用公众人物的形象，因为不同的人对公众人物的看法差异很大。以一个引起争议的公众人物为基础的作品集可能会妨碍作品的相关性。

一旦收集了一组适当的图像，就必须对其进行编辑、组织和整理，以优雅的视觉布局（layout）作为目标客户的档案板。有效的布局方法可参考第七章（请参见第 172 页）。客户的档案板旨在为所有创意团队成员、推广人员、造型师和任何其他品牌合作者带来对目标客户的相同理解。对于同时从事多个系列设计的设计师，或正在接受培训的设计师来说，能够准确地将每个设计项目的目标客户可视化，有助于传达他们对该行业商业本质的认识，并为他们的创意工作提供清晰的背景。

右上：室内设计可以洞察消费者的风格偏好。
右中：街头风格的摄影展示了消费者通过穿着来表达自己。
左下：消费者喜欢的艺术品很大程度上反映了他们的时尚感。这幅由尤金尼亚·罗莉（Eugenia Loli）创作的拼贴画传达了一种清晰的乐趣和异想天开的感觉。

兴奋（*The Thrill*）

夏季 / 春季 2017

客户档案数字拼贴画，摩罗蒂 · 伊萨普尔（Melodi Isapoor）。

Trend Research

趋势研究

虽然许多人仅根据流行的颜色、造型或细节来考虑流行趋势（trend），但是研究流行趋势涉及一种对社会变革更具好奇心的方法。事实上，趋势是指随着时间的推移，人们的品位或偏好发生的任何变化。因此，趋势研究主要在于了解更广泛的社会变化的原因和影响，以及如何通过产品选择来实现这一点。

这个研究过程相当复杂，并且依赖于官方的人口统计和心理分析、实地观察以及分析师创造性直觉的应用。多年来，一些趋势预测（trend forecasting）公司建立了非常成功的趋势评估和预测记录，并作为品牌战略和设计发展方向的可靠来源而获得了良好的声誉。这些领先的趋势预测公司包括 WGSN、Trendstop、Doneger、Peclers Paris、Trend Union、Promostyl、Edelkoort、Nelly Rodi、TOBE 和 Fashion Snoops。虽然订阅相关服务可能会非常昂贵，但也可能为时装公司带来可观的销售额，因此这可以被证明是一项有价值的投资。

上图：品锐至尚（Première Vision）贸易展上展示的色彩预测。
下图：米兰的街头风格。

趋势预测过程

研究和预测商业市场趋势的大多数公司都遵循两步过程。首先，他们定义宏观趋势（macrotrend），然后确定这些趋势将如何影响特定的风格。虽然每个趋势研究公司都根据独特的过程来收集和分析数据，并根据各自的专业知识提出独特的见解，但构成趋势研究基础的要素通常包括两个：媒体扫描和对主要现象的观察。

媒体扫描（media scan）涉及收集大量媒体内容（报纸、杂志、电视、社交媒体等），并根据标准化的方法进行分

品锐至尚贸易展上的牛仔预测。

析。当某些想法在媒体中获得或失去影响时，这有助于确定关键主题流行程度的变化，表明相关趋势的增长或萎缩。媒体扫描可以根据个人选择的一系列研究主题进行组织，但是此类研究的最常见结构是 P.E.S.T.E.L.，它代表政治、经济、社会、技术、环境和法律。显然，这些主题都不是特定针对时装的，但是文化和消费者行为的变化会在所有这些领域发生，从而导致品位的演变，进而促进时装的发展。

主要现象（leading phenomena）是无法通过媒体扫描预测的事件。这种事件在没有明确预测因素的情况下发生，并可能导致文化和消费者行为的重大变化。例如 2008 年次贷危机就对商业市场产生了明显影响，拉大了奢侈品牌与经济型级别（budget）零售商之间的差距。观察主要现象需要不断了解可能被证明具有重大意义的新闻和事件。

宏观趋势

趋势研究的第一个成果通常被称为宏观趋势（或大趋势），是指专注于追踪社会偏好和行为的大规模长期变化。宏观趋势会经历数十年的发展演变，能为长期战略规划和商业定位提供有价值的见解。因此，趋势预测者会不断跟踪宏观趋势的演变并相应地调整他们的预测。几十年来，一些广泛存在的宏观趋势以系统的方式影响了社会和消费者。以下是一些不断发展并影响时装行业的主要宏观趋势。

从分级到休闲：现代社会一直在不断地远离传统的等级结构。与此同时，休闲服装变得越来越被人们所接受。这可以从“便装星期五”的增长中看出来，它已经逐渐演变出许多工作场所每天都可以接受的商务休闲装。同样，设计师对运动休闲的接受也是这一大趋势的体现。

左上：在T台上重新定义性别，亚历山德罗·特兰科内（Alessandro Trincone）的作品。

左下：时尚革命（Fashion Revolution）组织通过媒体宣传活动积极促进了人们对多元文化的包容性。

右图：运动与传统美学的融合，华伦天奴 2017 年秋季运动风格。

重新定义性别角色：从越来越多女性担任商业领导角色，到大众媒体对非二元性别表达和非传统性取向的接受度日益提高，性别角色的视觉表达自 20 世纪开始就一直在演变。古驰和汤姆·布朗（Thom Browne）等公司的最新作品都体现了这种演变。

从本地到全球：全球市场的经济互联性导致了文化互联性。全球文化的意识和参与度已从根本上重新定义了时装的来源。出现在首尔的一种样式可能立即通过多种平台在全球范围内得到推广，这一过程在 20 世纪 90 年代之前还是不可想象的。

技术作为一种联结：直到 20 世纪下半叶，技术都一直在发挥功能性和生产性作用。然而诸如传真机、手机之类的发明，以及最重要的 20 世纪 90 年代中期引入的互联网，这些技术都集中在提高人类沟通能力上。这种对人脉和人际关系的关注对其后的技术创新产生了影响，出现了 Apple Watch 或 Nike + 系列的联网鞋类等。

道德生活：虽然环保主义的原则可以追溯到 20 世纪初，但随着时间的推移，它已经取得了更广泛的关注。如今，从斯特拉 · 麦卡特尼（Stella McCartney）到 H&M，许多品牌的产品和服务都关注了道德方面。

风格预测

一旦宏观趋势的演变被确立，下一步就是将这些核心方向扩展到更具体、针对个人和产品驱动的趋势路径中。这就是专家小组、专业色彩预测师或材料顾问所贡献的特殊价值。在此过程中，预测公司会预测新的颜色、廓形、细节或面料，因为它们可以有效反映出社会偏好的预期变化。这通常是在接近预期季节的情况下确定的。尽管宏观趋势预测可以提前两年或更长时间进行，但风格预测（也称为短期趋势或微观趋势）通常仅提前一年发布。

在考虑短期趋势时要注意，一些常见的模式与趋势路径和节奏有关。了解这些常见模式可以为预测任何给定趋势的可能演变提供有价值的工具。几乎所有的短期趋势都可以通过以下模式来理解：

滑滴趋势（trickle-down trend）模式始于奢侈品级别，然后被中端和大众市场品牌所模仿。通常，这种模式可以被用于那些传统上以奢侈品为重点的物品或风格，但也可能源于 T 台上展示的前卫风格。使用洛可可刺绣、激光切割表面或正式晚装的流行趋势就是这种模式的很好例子。

发泡趋势（bubble-up trend）模式始于亚文化群体，如朋克、哥特、情感（emo）和洛丽塔。这些群体中的每个人都选择与常规不同的着装，以表达与普遍的世界哲学观点的差异。当这些亚文化发展出的风格成为知名设计师和主流品牌的灵感来源时，就被认为是发泡潮流趋势之路。

滑流趋势（trickle-across trend）模式会出现在世界的任何地方和市场的任何层次上，并迅速传播到整个产业的各个层面。这要归功于全球大众传播、生产和分销方面的进步。决定哪些样式会像病毒一样广泛传播的是被称为“把

下左：从宫廷礼服到成衣：杜嘉班纳（Dolce & Gabbana）展示滑滴趋势。

下中：巴尔曼（Balmain）的这个系列包含了大量的街头风格，展示发泡趋势。

下右：H&M 之类的快时尚零售商根据滑流趋势构建其业务模型。

采用创新曲线

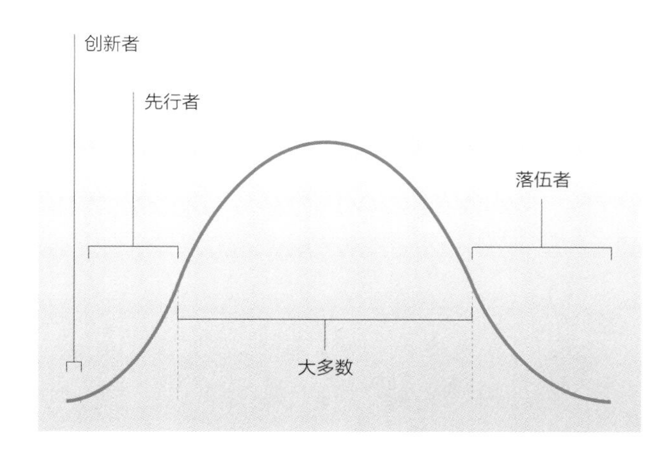

快时尚、时装和经典

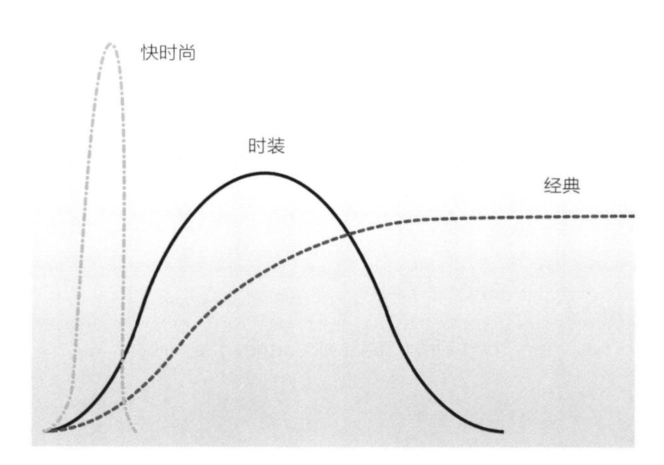

关人”（gatekeepers）的人，这些人包括有影响力的编辑、买家和零售商。因此，把关人作为时装决策者的作用是从大量的选择中挑选出对本季有意义的少数趋势。快时尚品牌以这种方式运作。

风格预测也可以根据发展的节奏或时间框架进行分析。所有获得普遍接受的趋势都呈现出一种类似于钟形的模式，这个模式被称为“采用创新曲线”（参见左上图）。钟形的开始表示趋势的引入，只有创新者参与其中。此后不久，先行者加入了这一趋势，导致曲线上可见的增长。一旦有足够多的先行者展示了这种趋势，就会产生连锁反应。在这种连锁反应中，大多数人现在已经可以适当地确保趋势的合理性和可行性，并且也将开始融入这种趋势。曲线的末端表示趋势已逐渐消失，此时只有落伍者，他们往往出于必要或缺乏其他选择而停留在趋势中。

从创新者到落伍者的这一过程可能以快速或慢速进行，从而导致以下不同的基于速度的路径。

经典（classic）：一种被引入的、获得了知名度且被大众接受，不会消失的风格。丹宁牛仔裤最初于 20 世纪 50 年代出现在主要街头风格中，直到 20 世纪 60 年代与反战示威活动联系起来时才开始广泛流行。在接下来的 10 年中，牛仔裤逐渐成为一种被人们所接受的日常风格，而且从那以后，它的流行程度也没有下降。

时装（fashion）：时装通常会历时 1~3 年。金属感、像素印花和双排扣夹克之类的流行趋势从早期开始到最终被淘汰往往需要几个月的时间。在这段时间中，流行趋势会从只被少数时尚引领者接受转变为被大多数人接受，最后逐渐消失。

快时尚（fad）：这些趋势是短暂的，但非常强烈。快时尚最有可能针对青少年消费者，他们更倾向于看重暂时性流行。1990 年的英国骑士（British Knights）运动鞋，20 世纪 90 年代后期的拓麻歌子（Tamagotchi），以及 2017 年的指尖陀螺（Fidget spinners）都是快时尚的典范。

设计师和销售商经常说所有趋势都是周期性的。尽管这可能有点夸张，但在现代的几十年中似乎可以看到某种风格的重复性。周期性趋势与被称为长波现象的趋势之间存在技术差异。虽然两者都指重复出现的风格或美学代码，但周期性趋势被定义为定期重复出现的模式，每次发生时都达到相同的接受水平。它有一套相当严格的参数，因此是极其罕见的。相比之下，长波现象是指任何趋势，虽然表现出重复性，但可能会改变节奏或强度。长波现象的一个例子是在意大利文艺复兴时期（约公元 15 世纪）和新古典主义时期（1800—1820），重复引用在罗马帝国时期（约公元前 1 世纪）出现的古希腊式风格的礼服，在 20 世纪又多次出现在马瑞阿诺 · 佛坦尼、玛德琳 · 维奥内

特、阿里克斯·格雷斯（Alix Grès）和唐纳·卡兰（Donna Karan）等人的作品中。每次重复这种风格时，它都会有所改变，并到达不同地域，这使得它不是一个纯粹的周期性趋势，而是长波模式。

设计师和销售人员必须精通趋势研究的术语和功能结构，因为他们的工作本身就具有预测性。由于开发、生产和分销服装产品需要花费大量时间，因此设计师很可能会提前一年就开始准备时装季。在这种情况下，能够依据对趋势研究的核心评价来利用预测工具，可以带来商业上更加成功的设计决策。

上图：蓝色牛仔裤，这一经典风格因标志性电影而风靡全球，例如詹姆斯·迪恩（James Dean）1955 年主演的《无因的反叛》（Rebel Without a Cause）。

右图：希腊风格的连衣裙，如 20 世纪 50 年代阿里克斯·格雷斯的造型，每次重新出现时都被重新诠释，成为一种长波现象。

Fashion Research

时装研究

趋势研究的目的是预测未来的风格，而时装研究则主要侧重于了解已经存在的风格。时装公司或多或少地根据他们遵循的设计哲学类型来进行时装研究，尽管设计模仿者和诠释者可能会大量使用时装研究，但真正的时装创新者很少遇到这种情况（请参阅第 24 页的关于设计哲学的讨论）。本质上，时装研究是竞争性研究的一种应用形式。通过研究当前市场上的情况，竞争品牌最近所展示的流行趋势，以及杂志如何推广某些风格，设计师们可以更好地确保他们的作品能够与主导行业的当前品位产生共鸣。

时装研究并不能预测未来，而是确定了行业的现状，因此它与趋势预测有本质上的不同。同样，这种类型的研究呈现的是有关市场上已经存在的风格和外观的信息，因此不是适合设计创新者探索的创意灵感来源。

任何基于时装研究的设计师的创作过程基本上都会比计划晚六个月，从而导致他们的作品过时。唯一明显的例外是在快时尚界，模仿者复制现有的风格并将其带到消费者面前，这个速度甚至比被模仿的设计师品牌还要快。

时装研究包含三个主要组成部分，每个组成部分都提供了某些独特的见解和机会：T 台报告，社论研究，购物市场。

在楚萨迪（Trussardi）商店等行业领先的精品店中进行时装研究可以为设计、风格和销售策略提供依据。

T 台报告可以用于识别市场上的商业趋势，例如同一季在多个 T 台上都可见的“热带花卉”，包括德赖斯 · 范诺顿（左图）和玛丽 · 卡特兰佐（Mary Katrantzou）（右图）。

T 台报告

顾名思义，T 台报告专注于提供近期 T 台秀的概要，确定关键方向、风格、廓形、颜色、细节等。编写有效的 T 台报告可能会非常耗时，并且需要增强在大量可视信息中识别模式和联结的能力。

获得 T 台报告可以从参加尽可能多的时装秀开始，或者从与该市场定位相关的各种展览中收集图像开始。然后，分析通过视觉相似性而生成的分组。这些分组可能集中于特定的材料、构造元素、颜色、气氛的使用或来自各个系列的作品之间的任何其他联系上。关键是要确定多个设计师的工作如何以某种方式保持一致。这些相似性集中的领域可能会发展为相关的零售趋势，因为 T 台报告通常是购买者决定购买哪些产品以及零售商决定如何在商店中展示商品所参照的主要依据。

WGSN 等许多趋势预测公司都提供 T 台报告服务以及其预测信息。

社论研究

这类研究侧重于从各种时装出版物中收集社论（editorial）材料的概述。“社论”涉及一张照片或一系列照片，其样式和拍摄方式更注重讲故事和表达心情，而不是传达服装本身的细节和结构。*Vogue*、*i-D*、*Popeye's* 和 *WestEast*（东西杂志）等杂志花费大量时间和资源来制作独特的社论摄影作品，展示下一季有意义的零售趋势。社论研究的挑战是获取足够多样的材料，以广泛了解时装编辑作为把关人所推广的审美语言。

对于设计师和销售商而言，如果能够在他们的作品中采用与领先时尚编辑一致的审美语言，就可以提高作品被把关人接受的程度，从而获得更高的销售额。

杂志和网络上刊登的编辑照片不仅提供了有关特定服装的信息，还提供了当前流行的情绪和风格。韩国 *W* 杂志。

购物市场

时装研究的最后组成部分需要一定的身体投入——顾名思义，就是走访竞争对手商店。许多品牌的创意团队会定期前往其竞争对手的零售店，以便更深入地了解其他品牌是如何推销自己的店铺，以及如何将自己展示给顾客的。

显然，这是一种清晰而直接的竞争分析形式，旨在确保一个品牌的创意策略，在设计、销售规划和视觉传达方面优于其竞争对手。

购物市场的某些方面可能是数字化的。像WindowsWearPro之类的公司专注于收集商店橱窗和室内装饰的最新图像，并实时与订阅用户共享。虽然这些数字信息可能是有价值的，但亲自参观竞争对手的商店获得的见解更有意义，因为通过这种方式不仅可以获得场地的视觉信息，而且还可以从中了解消费者如何与空间和产品联系、互动。

参观零售商店，如巴尔曼（Balmain）商店（对面图）或街头服装专卖店（下图），可以深入了解正在出售的服装，提供的产品种类，以及更广泛的商品销售和品牌推广方法；商店给消费者的感觉往往比商店的商品更重要。

Designer Profile: Eudon Choi

设计师简介：尤登·崔

尤登·崔是他同名品牌的创意总监。

什么促使你想成为设计师?

我的祖母、母亲和姐姐都非常喜欢时装，这无疑影响了我。在我出生前，祖母就开了精品店。她有着令人难以置信的时尚感，我很难不被影响。

我小时候一直画画，但我第一次知道自己想成为一名设计师是 1992 年看到史蒂芬·迈泽尔（Steven Meisel）在美国 *Vogue* 杂志上的照片时。

模特克里斯汀·麦克梅奈（Kristen McMenamy）身上散发出个性和个人风格。不同灵感的碰撞和新潮流的风格让我想融入其中。

你如何形容你的品牌?

我将尤登·崔描述为具有女性气质的男性剪裁。我有男装设计的背景，所以我始终专注于使用剪裁技巧和男性化的剪裁来塑造女性造型。我喜欢在女装中隐藏男装细节，包括夹克里的硬币口袋之类的东西。

我从艺术、建筑和历史中找到灵感。我喜欢用自己的方式重新诠释和借鉴他人的创作历程。我的 AW18 系列作品是基于海港小镇圣艾夫斯（位于英格兰康沃尔）的一群艺术家创作的。我向朴素的艺术家阿尔弗雷德·瓦利斯（Alfred Wallis）以及在那儿工作的渔民和矿工表示敬意。

你为什么选择这个市场定位?
它给你提供了什么机会?

作为一名常驻伦敦的韩国设计师，我获得了前所未有的机会。我非常幸运地生活在这里并被接纳为设计师。这是一个了不起的城市；它以多样性和创新而闻名，并给了我创作的自由。作为一个培养年轻人才的城市，它是独一无二的，并且英国时装协会的支持确实令人赞叹。

伦敦女人是独一无二的。我喜欢设计那些能融入她们衣橱的衣服。

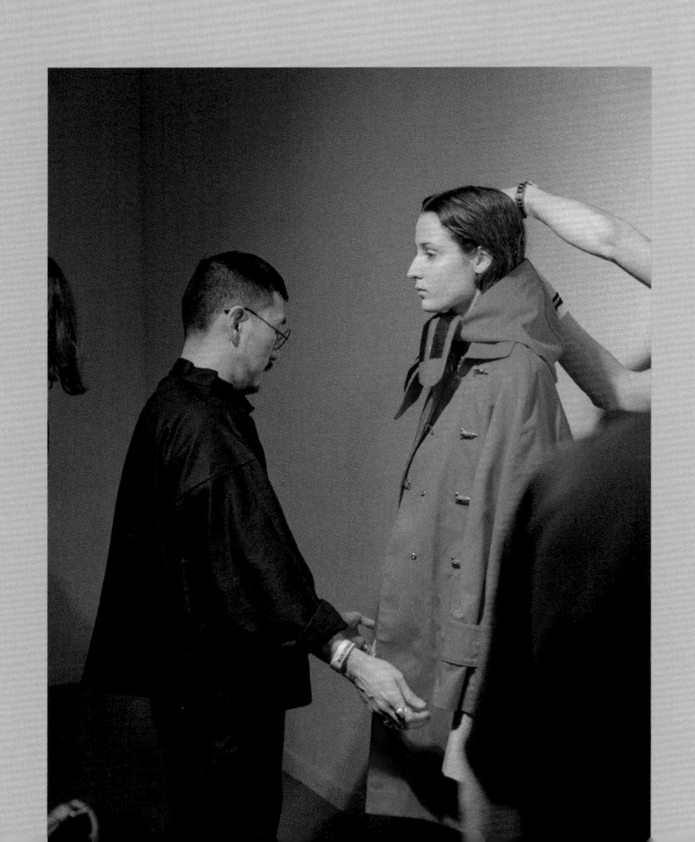

你选择的客户和市场是如何影响你的设计方法的?

我觉得我的作品只有在到达客户手中时才会活跃起来。我设计与他们的衣柜相匹配的衣服，我很喜欢看他们是怎么搭配的，怎么把它们变成自己的风格。

看到我的愿景在这个意义上得以实现，我感到非常欣慰。我与客户之间的关系非常密切，并且一直在倾听他们的需求以及改善他们的着装体验。

我希望我的客户将这些衣服长时间保存在他们的衣柜中，重新审视它们，并继续爱上它们。我倾向于认为，女性来我这里是为了她们衣柜的基本款——那些可以反复穿的衣服。我的这些作品是带有转折的经典之作。

你在发展业务时遇到的主要挑战是什么?

我发现最大的挑战是在创意和商业化之间取得平衡。对于年轻的品牌来说，提供新的东西很重要，但是发展业务并在行业中生存也同样重要。

有这么多的品牌来来去去，我很感激九年来我还能够在这里展示。

你如何看待你所在行业的未来?

没有人能预料到社交媒体和 Instagram 会对行业产生如此大的影响，所以谁知道未来会怎样呢？我认为时尚的未来在于可持续性。我想在时装业中找到更多回收利用的方法。

3. Inspiration and research

第三章 灵感与研究

学习目标

- 了解时装设计中使用的各种概念
- 重视头脑风暴，将其作为概念灵感和视觉研究的桥梁
- 了解调研规划的过程
- 熟悉收集调研的各种工具和方法
- 探索原创研究的策略和技术
- 确定用于建立鲜明色彩故事的注意事项和框架
- 研究在开发时装系列时采购材料的挑战

Concept and Ideation

概念与构想

建立一个有效的概念（concept）指导是迈向有效设计开发的必要步骤。概念可以有多种形式，它不仅在引导创意过程中起着至关重要的作用，而且在向消费者传达最终产品的价值和创新性方面也起着至关重要的作用。

知名设计师倾向于采用一种始终如一的方法来进行概念构建，这成为其创意签名和品牌标识（brand identity）不可或缺的一部分。本章介绍了设计师和产品开发人员（product developer）可能采用的各种类型的概念，以及将最初的方向扩展为一个完整的研究主体所需的步骤，这些将促进设计探索。

什么是概念？

“概念”一词通常用于表示灵感的多种可能形式。这个词的不同含义背后有一个共同点：它是创造力的来源，是系列和品牌发展所有步骤的基础性指导力量。

概念指导不仅为设计奠定了基础，而且还为造型、视觉营销、新闻传播和消费者参与奠定了基础。因此，重要的是设计师要了解自己将从清晰而有目的性的方法中获益良多。打造一个时装系列是一项集体工作，涉及与纺织品设计师、配件设计师、图案设计师、造型师和公关顾问的合作。设计师越能清晰地表达和传达他们的创作灵感，他们的团队合作就会越有效。

上图：萨瓦托·菲拉格慕（Salvatore Ferragamo）的作品集情绪板，米兰。

对面：Horses Design 工作室，一位设计师在她的灵感墙前。

左图：第 90 届 Pitti Uomo 卢西奥 · 瓦诺蒂（Lucio Vanotti）时装秀上的作品集情绪板。
右图：以作品集的形式呈现许多图片可能是一项挑战。在这种情况下，可以像阿利安娜 · 阿瓦迪（Ariana Arwady）的设计概念板中那样汇编一个关键研究和主题的简短视觉概要。

灵感来源

创意灵感可能有多种来源，但总体而言，概念方法可以分为三个主要类别。

叙事主题（narrative theme）：设计师根据讲故事的过程来创建其系列的概念。设计开发过程主要是由与正在探索的故事相关的对象、艺术品、摄影、古着（vintage）服装和其他视觉材料驱动的。遵循叙事主题的设计师倾向于开发具有服装与时装共同点的作品，如亚历山大 · 麦昆、约翰 · 加利亚诺（John Galliano，在他担任迪奥创意总监期间）、桑姆 · 布朗（Thom Browne）等。

生活方式灵感（lifestyle inspiration）：设计师可以通过关注消费者的生活方式来集中精力进行创作。这种类型的灵感通常集中在被称为缪斯（muse）的有影响力的人物身上，体现了正在探索的生活方式。汤米 · 希尔费格、COS 和乔治 · 阿玛尼等设计品牌一直采用这种创意方法。专注于生活方式的灵感，既可以带来积极的影响，也可以带来消极的影响。尽管它加强了针对品牌潜在消费者群体的品牌信息传递，但有时可能会导致缺乏创新的重复设计。

概念设计（conceptual design）：这种激发灵感的方法着重于质疑设计过程是如何运作的。通过研究设计和制造的标准方法，概念设计师提出了独特而创新的方法，这些方法既可以转化为不受商业利益影响的艺术表述，又可以转化为服装（apparel）行业未来新的解决方案。通过概念方法获得的产品通常看起来是全新的，有时甚至是令人反感的，并且经常会促进前卫的设计美学的发展。马丁 · 马吉拉、川久保玲和三宅一生之类的设计师始终采用这种方法来获得设计灵感。

概念设计，诸如玛丽娜·霍尔梅塞德（Marina Hoermanseder）的这个外观，
通常不是来自视觉研究，而是来自基于过程的思考。

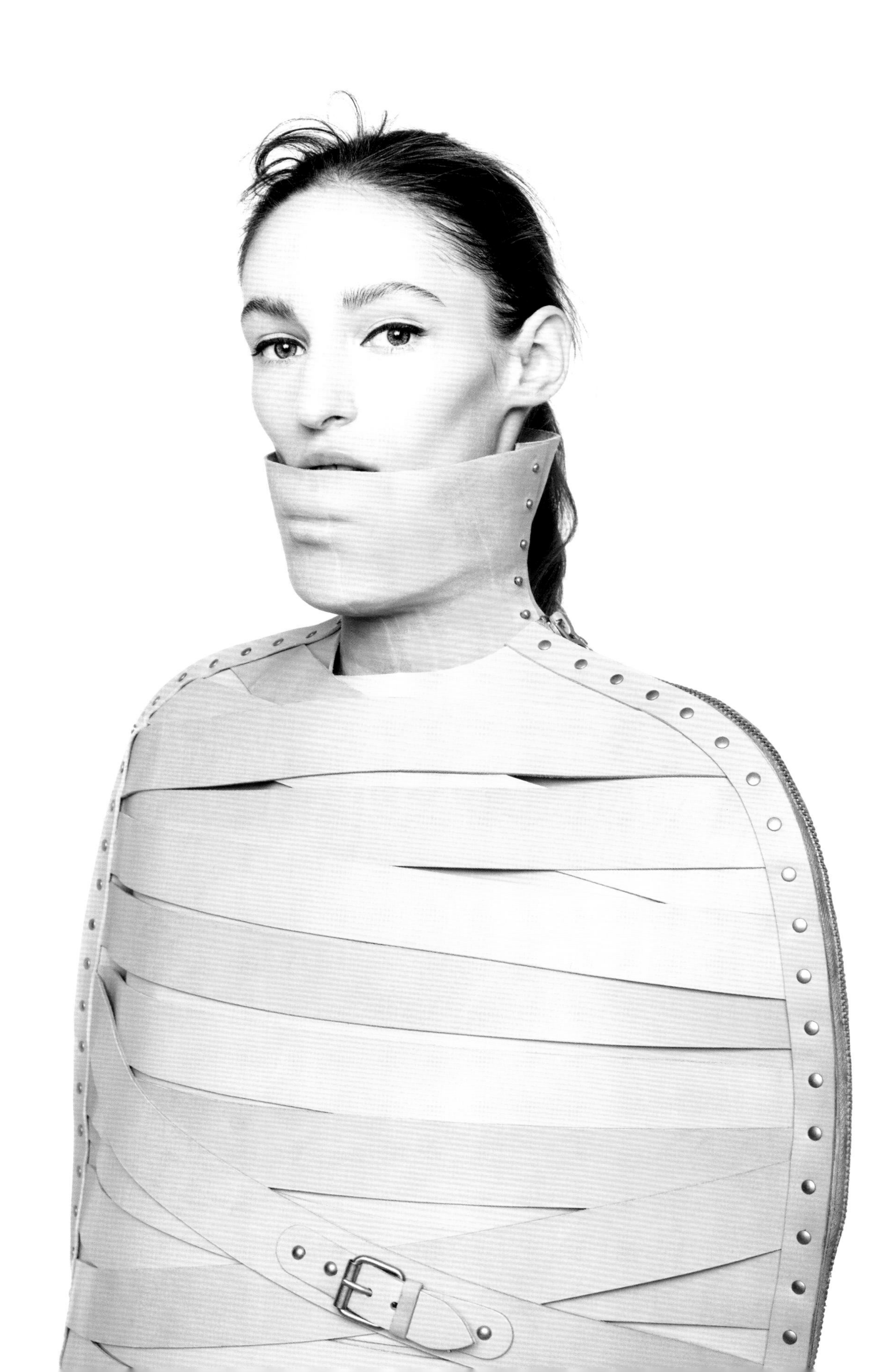

案例分析

叙事主题灵感，亚历山大・麦昆，2010 年春季

亚历山大・麦昆于 2010 年春季发布的名为“柏拉图的亚特兰蒂斯”（ Plato’s Atlantis ）的系列是叙事主题设计的杰作。顾名思义，它聚焦于神话般的失落之城亚特兰蒂斯，据说这是一个古老的、当时技术先进的城市，后来被海洋吞噬。大众文化通常将亚特兰蒂斯与外来文明联系起来。这些叙述路径构成了整个系列的基础，从纺织品和造型到配饰和风格样式。

调色板：这个系列探索了几个颜色组。颜色从爬虫类的铜色和青铜色到水下的蓝绿色、海带的深绿色、科幻小说中的灰色和层压黑。

纺织品和材料：麦昆在该系列中进行材料开发的方法确实非常出色。数十种不同的印花、刺绣（ embroideries ）和装饰物都带有蛇、鱼等软体动物和海浪的视觉外观，并抽象参考了外星科幻和太空旅行。

廓形：此系列中对造型的探索展示了麦昆创造性的立体裁剪技术。服装以雕塑般的体量制作，让人联想到贝壳和宇宙飞船。

造型：该系列的叙事主题灵感在时装秀的造型中得到了强烈的传达。配饰、发型和妆容，以及整个系列的展示都为这个故事的讲述做出了贡献。

配饰：配饰从根本上突破了其美学和功能用途的界限。有些鞋子采用大量的石膏，让人想起了《异形》电影中那个生物的设计 [最初是由汉斯・鲁道夫・吉格尔（ H. R. Giger ）设计的]。还有一些鞋子把腿伸展成不常见的形态，给穿鞋者带来了更超凡脱俗的吸引力。

发型和妆容：两者都是以增强科幻美学的方式开发的。模特们的脸经过打理使他们的外观看起来更硬、更具棱角。他们的头发以坚固的雕刻、角状的延伸为主，垂直或向后拉长他们的头盖骨，再次表现出一种外星人般的美感。

这场时装秀在一条光滑的白色 T 台上进行，两侧各有自动机械臂，每个臂上装有摄像机，这增强了整个时装秀的科幻感。这种叙事通过一段为时装秀而制作的原始视频得到了加强，并在背景幕上展示了这个系列的介绍。该视频在电光蓝色调的万花筒图案变化当中结合了爬行动物和有机纹理。

通过分析这个系列可以明显看出，当主题的核心概念贯穿于设计师工作的方方面面（从表面到形状、从产品到造型）时，以叙事主题为灵感的设计师就会取得强大的结果。

亚历山大 · 麦昆 2010 年春季系列背后的叙事灵感数字拼贴。

案例分析

生活方式灵感，可可·香奈儿

香奈儿的整个作品并不是从叙事主题或概念设计的方法中获得灵感的，而是从她对女性生活的洞察力。香奈儿成长于“美好年代”（belle epoque），在第一次世界大战之前的世界里，妇女们穿戴着紧身胸衣、笨拙的衣服和华丽的大礼帽。香奈儿知道周围的社会正在迅速变化，女性在社会中的地位也在迅速变化。随着城市化的推进，妇女争取投票权以及进入职场的人数比以往任何时候都多，这一切都意味着伴随香奈儿长大的那些不切实际的风格很快就会过时。香奈儿不再推崇古老、贵族式的奢侈愿景，而是将为新现代女性提供服装作为她的毕生使命。

她的作品对功能性、实用性和美观性的关注，在她设计生涯的几十年里似乎始终如一。她对颜色、廓形、服装构造（construction）和细节的把握并不完全是季节性的；它们是一个独特品牌信息的一部分，旨在表达她的目标客户的生活。如果你看看她在 20 世纪 20 年代设计的服装，再看看她在 20 世纪 50 年代和 60 年代设计的服装，你就会发现它们几乎可以互换。沉稳的色调、贴身的简装裁剪和低调奢华的质感是她一贯的标志风格。

香奈儿的作品预见了当今现代女装的许多元素，包括女装受男装启发而定制的夹克和裤子，或受运动装启发的风格。

香奈儿对 20 世纪时装的巨大贡献是创造了一种新的着装风格，它不仅为时尚消费者提供了他们知道自己想要的东西，还提供了他们不知道自己想要的东西。在这种情况下，重要的是要理解，以生活方式为中心的设计最成功的方法不仅在于复制时装市场中已经存在的东西，而且还在于预测不断变化的社会的独特需求。

装饰艺术的风格元素，以锐利的几何、流线型和丰富的材料为特征，无论是在香奈儿风格还是在纽约市克莱斯勒大厦的中庭设计中，都非常醒目。装饰艺术是一种生活方式的潮流，从 20 世纪 20 年代持续到 20 世纪 40 年代并影响了所有设计领域。

“时装不仅存在于礼服中，而且存在于天空中，
在大街上，时装与想法、我们的生活方式以及
正在发生的事情有关。”——可可·香奈儿

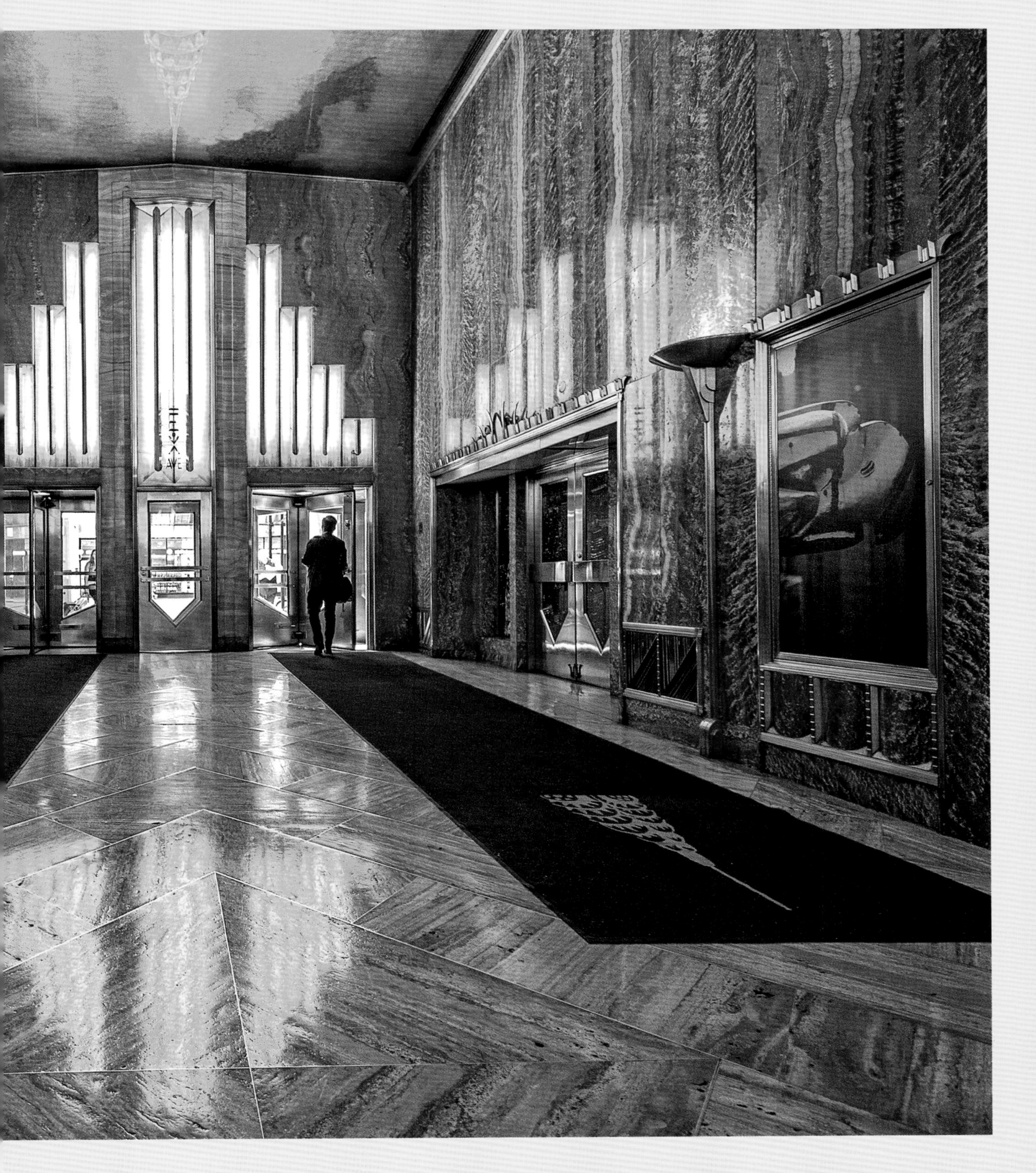

对面：三宅一生的服装，例如其 2016 年秋季系列的这三种，并不是根据视觉灵感设计的，而是通过技术实验而设计的。

案例分析

三宅一生作品中的概念主义

每一位设计师在一个概念方法的驱动下都会形成一个独特的过程，有时也被称为设计方法（design methodology），这极大地影响了他们作品的外观。

采用概念设计方法意味着设计会通过所涉及的过程来成形，而不是通过传统的素描（croquis）草绘方法成形。这些产品以意想不到的方式形成，从而带来独特的非传统成果。

三宅一生的作品就是概念设计灵感的完美典范。设计师三宅一生都致力于研究服装生产的边界，尤其关注新技术如何从根本上影响时尚产业的未来。他一贯支持新纤维和新材料，最重要的是，他与工程师直接合作开发打褶机、编织机和针织机，从而能够以新的方式制造服装。他在这一概念探索中最著名的冒险是把三宅之褶和 A-POC 的标牌商业化了。

三宅之褶是使用专门设计的打褶机械设计构思和生产的副线品牌。服装被裁剪成简单的几何形状，并由透气的合成机织织物制成。然后，将不合身的、类似外衣的衣服进行打褶处理，这会在布料上产生永久性细褶，从而改变衣服的合身性、运动性和整体外观。实际上，这是一台赋予服装最终外观和合身性的机器，有时会违背传统时尚的审美准则。

“A-POC”（“a piece of cloth”的首字母缩写）是对编织技术进行深入研究的结果。三宅一生与工程专家合作，开发了新的机器，能够同时编织多层材料，并将多层材料在某些预定区域连接在一起。所产生的材料从机器中出来就像一卷不起眼的织物，不需要任何缝纫或额外的构造就可以穿了。同样，服装的合身性和最终外观不是传统时装手绘（fashion sketching）的结果，而是机械本身的功能以及服装实际使用者的互动参与所决定的。

Brainstorming

头脑风暴

无论所探究的概念类型是叙事主题的，以生活方式为中心的，还是以概念设计激发灵感的，设计师都需要确保最初的想法在尽可能广泛的创意方向上得到扩展。这种中心概念的扩展通常是通过头脑风暴或思维导图练习来实现的。

正如工业设计师利用设计产生的“分解图”来显示构成最终产品的每个单独组件一样，时装设计师也需要发掘灵感以找到构成创意的各种独立元素，然后才能在设计开发阶段进行操作。

头脑风暴应以为时装系列提供信息为前提。因此，保留在设计过程中进行研究的元素是有益的。这些元素包括：

— 情绪 / 态度 / 感觉
— 颜色
— 纹理 / 表面 / 图案
— 廓形 / 形状
— 构造细节
— 造型

下一步是创建思维导图（mind map）（见对面图）。首先将核心概念作为拟议的集合标题或简短的短语写在页面中心，再将上面列出的设计重点放在其周围。然后，思维导图的每个区域都应填充大量术语，以指示在设计开发过程中要考虑的选项。头脑风暴会议中包含的所有术语都应与核心概念联系在一起，同时概述各种可能性。重要的是要记住，T 台上展示的完整时装系列通常由 35~50 套服装组成，每套服装都可能由多件衣服组成。在头脑风暴阶段，探索的广度将提高已完成生产线的多样性和创造性。

在思维导图的上述每个部分中，都依靠自我反思（依靠个人经验和记忆）以及外部研究，因此可以从最初的术语中衍生出其他选择。

一些设计师通过使用录音设备更有效地进行头脑风暴，并记录自由流动的短语关联，然后将其转录到纸上。由于头脑风暴过程是以术语和语言的创造性使用为基础的，因此借助一本同义词词典是非常有益的，但是，在这样做时，设计师必须确保参与者清楚地理解所选择的词的含义。

在编写思维导图时，使用比喻、拟人等修辞手法和拟声词等可以帮助扩展每个设计核心领域的选项列表。此外，引用时装领域以外的艺术家、摄影师、电影制片人和其他创意专业人士的作品可能会得到更具想象力的设计实验（design experimentation）结果。过于依赖当下的时尚趋势往往会导致构思（ideation）过程过于依赖模仿而不是创意和创造力。

语言的准确性和意图的明确性至关重要。在进行头脑风暴时，“天蓝色”或“长春花”比“蓝色”有用得多。同样，在确定廓形时，设计师应避免使用模糊的术语，如“经典”或“优雅”。

头脑风暴将为接下来的所有设计探索奠定基础，包括从采购和选择面料（fabrications）到探索服装结构，以及从视觉色彩到社论摄影或作品集（portfolio）展示中的最终造型。这一过程的重要性怎么强调都不过分。

头脑风暴图

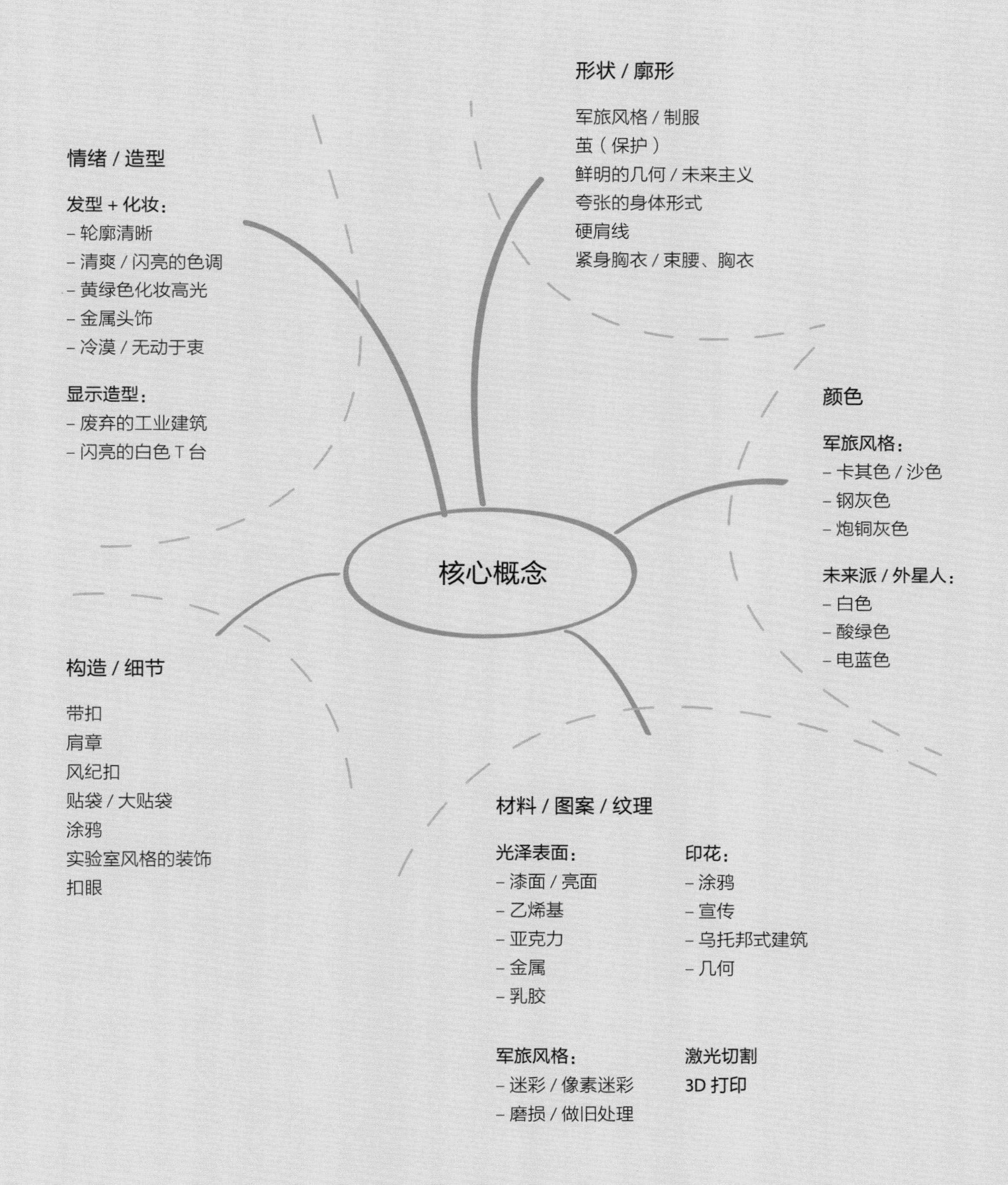

核心概念
形状 / 廓形
军旅风格 / 制服
茧（保护）
鲜明的几何 / 未来主义
夸张的身体形式
硬肩线
紧身胸衣 / 束腰、胸衣
情绪 / 造型
发型 + 化妆：
– 轮廓清晰
– 清爽 / 闪亮的色调
– 黄绿色化妆高光
– 金属头饰
– 冷漠 / 无动于衷
显示造型：
– 废弃的工业建筑
– 闪亮的白色 T 台
颜色
军旅风格：
– 卡其色 / 沙色
– 钢灰色
– 炮铜灰色
未来派 / 外星人：
– 白色
– 酸绿色
– 电蓝色
构造 / 细节
带扣
肩章
风纪扣
贴袋 / 大贴袋
涂鸦
实验室风格的装饰
扣眼
材料 / 图案 / 纹理
光泽表面：
– 漆面 / 亮面
– 乙烯基
– 亚克力
– 金属
– 乳胶
印花：
– 涂鸦
– 宣传
– 乌托邦式建筑
– 几何
军旅风格：
– 迷彩 / 像素迷彩
– 磨损 / 做旧处理
激光切割
3D 打印

Research Planning

调研规划

设计师在对最初的概念或主题进行彻底的头脑风暴后，会进行广泛的视觉研究，对这些研究进行收集和探索，能够为更直接的设计开发和可视化（visualization）奠定基础。

应该采用不同形式的研究来最好地指导设计构想，如次级研究（secondary research，从现有资源中收集）和初级研究（primary research，亲自调查）。有些设计方法更多地侧重于次级研究，而另一些则几乎完全依赖于涉及创建新内容的初级调研。不管每种类型的研究是否盛行，设计人员都首先要计划步骤和时间，以便收集所有必需信息。

收集研究资料，无论是一手的还是二手的，都可能需要去本地或国际的博物馆、图书馆、时尚前沿的社区、贸易展览和历史古迹，因此可能需要大量的时间和财力。收集的材料对于最终形成服装系列的设计是必不可少的，所以在开始服装创意之前，应该完成所有的研究。

一般来说，所有研究应在总设计开发时间表的最初 10% 之内进行。因此，研究的持续时间与可用的总时间直接相关。传统品牌每年需要展示两个完整系列，每个系列需要花大约 10 周的时间来设计，而剩下的时间则用来制作布样（muslin prototype）和开发样品。这意味着所有这些作品集的相关研究通常在项目的前 7 天内完成。设计专业的学生可能会做较小的作品集，在一个学期中最终设计出 6~8 种外观，但应该应用同样的时间安排规则。

当设计人员没有在分配的时间内完成研究时，就会出现一个会影响所有后续设计开发阶段的常见错误。这可能会导致作品集构思阶段被不必要地缩短时长，从而导致设计结果的创造性和原创性较少。

最好通过设置清晰的日程表来组织复杂的项目，这将有助于使所有团队成员保持较好的状态。

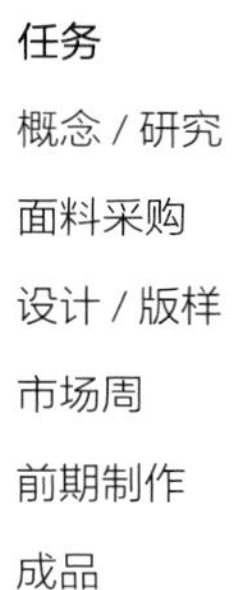

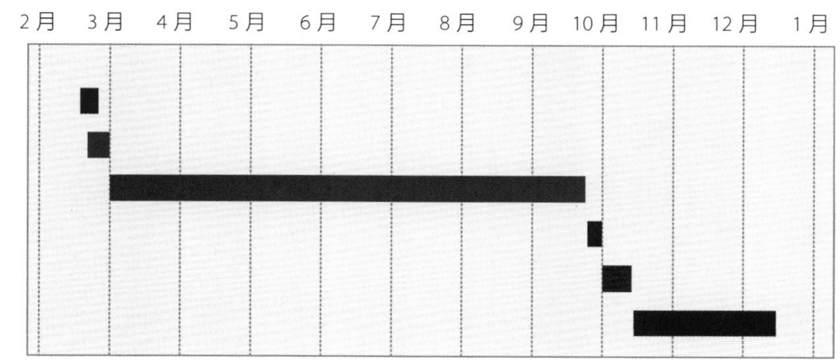

研究过程的流程图

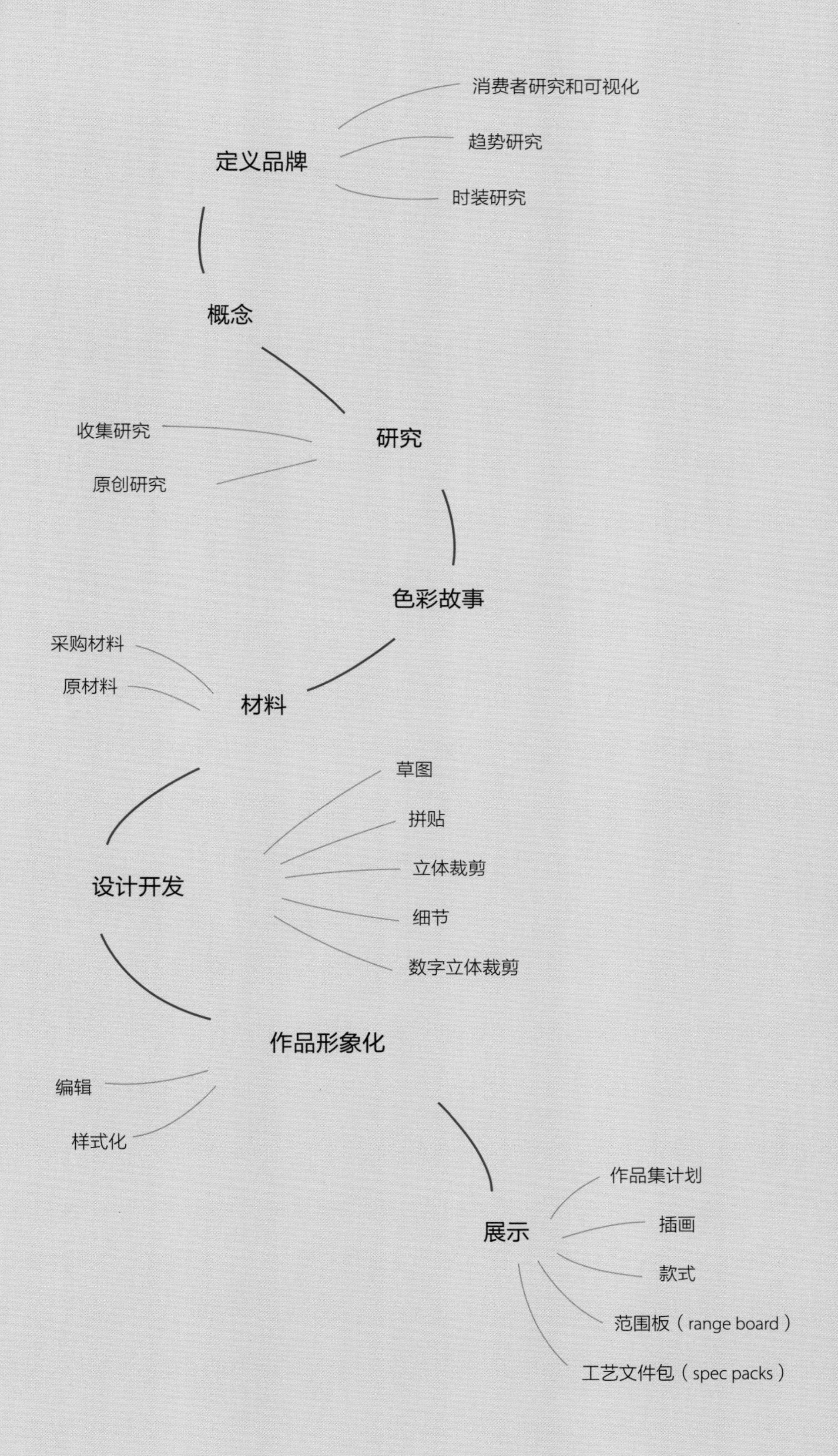
消费者研究和可视化
趋势研究
定义品牌
时装研究
概念
收集研究
研究
原创研究
色彩故事
采购材料
原材料
材料
草图
拼贴
立体裁剪
设计开发
细节
数字立体裁剪
作品形象化
编辑
样式化
作品集计划
展示
插画
款式
范围板（range board）
工艺文件包（spec packs）

Gathering Research

收集调研

与直觉相反，在学术研究项目的背景下，次级研究通常出现在初级研究之前。然而，在一个快速的研究探索中，设计师经常将次级研究和初级研究的过程（分别收集内容和创建内容）结合起来。

摄影和艺术图像通常在次级研究中占主导地位，因为它们往往更容易被直接应用到设计过程中。通过第 5 章中讨论的各种方法，可以将视觉内容直观地转换为设计选项和服装创意（请参阅第 114~141 页）。

书面材料（例如诗歌、歌词和小说）也可能为设计师提供宝贵的灵感，当与所研究的概念或主题相关时，应将其作为收集研究的一部分。为了使研究的创造性价值适用于设计过程，收集书面材料可能需要一个可视化或抽象的过程。这种可视化或抽象过程是初级研究过程的一种，在第 75 页有更深入的讨论。

图书馆研究

书籍、期刊和其他出版物是收集研究的主要来源。尽管许多设计师在其职业生涯中建立了个人图书馆，他们经常引用这些书，但他们也会在每个系列开始之初去当地图书馆进行调研。这使他们可以从与其选择的主题或概念相关的材料中收集大量激动人心的图像。需要注意的是，书籍和其他出版物中包含的许多创作灵感通常无法在线获得。图书馆还可以为意外发现提供有趣的机会。在浏览书架时，设计师可能会发现一些没有包含在原始研究计划中的书籍或杂志，但这些书籍或杂志可能会为开发项目提供有价值的内容。这是动手进行次级研究的好处：它可以极大地提高所收集材料的独特性和创新价值，以及提升最终设计成果的水平。

玛丽 · 卡特兰佐（Mary Katrantzou）2018 年春夏时装秀的灵感板，融合了各种收集的图像、原创研究和面料灵感。

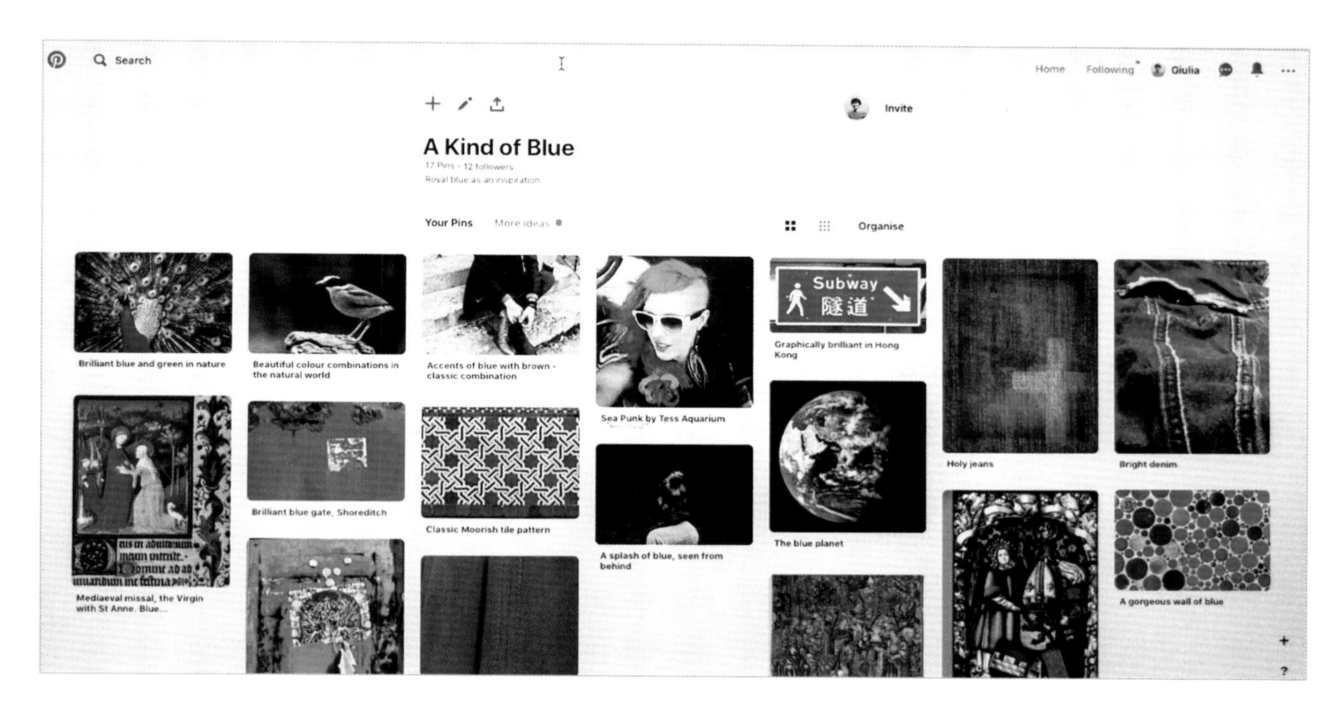

诸如 Pinterest 之类的社交媒体平台可用于探索和记录视觉研究。

互联网和社交媒体研究

如今，我们能够使用智能手机或电脑从线上收集的信息量非常庞大，需要敏锐的批判性眼光来确保其质量和相关性。通过数字渠道看到图像时，设计师必须经常问自己以下两个问题。

这个图像的分辨率足够使用吗？

大多数在线图像有意被压缩得非常小，屏幕分辨率为 72 DPI / PPI，这使得它们更易于分享。这样的图像不能用于设计开发和展示，因为一旦打印，它们就会显得模糊或像素化。这是一个明显的技术问题，可能会严重削弱正在开发的设计项目的整体吸引力。通过数字渠道收集的图像应具有 300 DPI / PPI 的高分辨率，以便打印。虽然一些搜索引擎（例如谷歌图片）允许用户根据整体图片大小来限制搜索结果，但很多搜索引擎却不支持此功能。通过 WGSN、ARTstor 或 Vogue 档案库等被广泛认可的数据库收集视觉内容，可以确保收集的材料满足高分辨率的要求。

该图像在审美上与我的主题或概念相关吗？

用于视觉研究的数字资源，包括谷歌图像、Pinterest、Instagram 等，根据其内部算法逻辑为用户提供了大量图像。算法可以用数学公式来描述，根据接收到的被标记了“喜欢”的图像和单个用户的搜索历史来编辑内容。这意味着这些搜索引擎或平台倾向于展示最受欢迎的内容，或者最能匹配用户先前选择的内容。这会导致数字搜索产生最可预测的结果，而不考虑艺术价值或创新。因此，通过数字平台收集视觉材料的研究人员必须确保所选图像能够满足项目的审美需求。由于服装设计是关于创新和创造的，所以它应该被能够培养创新和创造思维的视觉研究所推动。

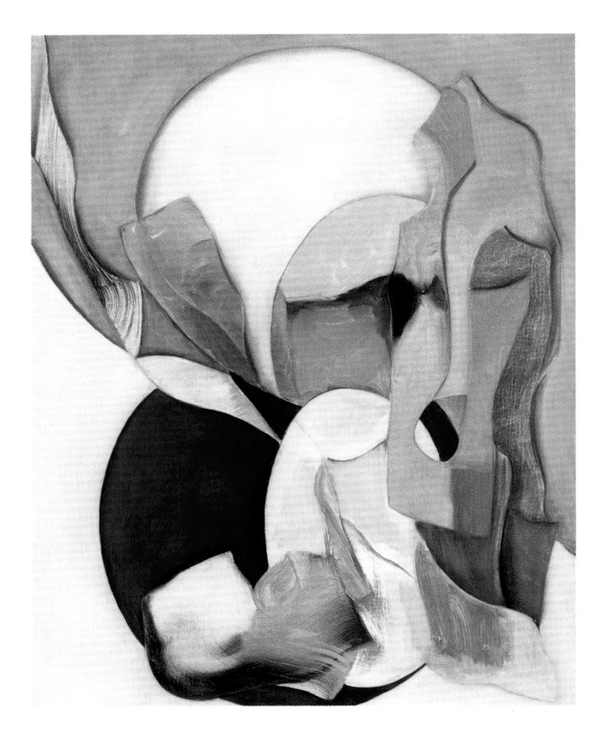

上图：在形状、体积、颜色和情绪方面，艺术可以是创造性信息的宝贵来源。莱斯利·万斯（Lesley Vance）（2013）。
右图：很多时尚都遵循一个循环结构。1963 年的《谜中谜》（*Charade*）等经典电影为人们了解过去的电影风格提供了有用的指导。

主要研究资源

在收集研究过程中通常使用各方面的资源。下面列出的每种资源都既具有挑战性又具有潜在的优势，因此必须了解其价值和可能的陷阱。

艺术：时尚的视觉语言与艺术的审美表达本质上是交织在一起的，因此设计师经常从画家、雕塑家、行为艺术家、街头艺术家、摄影师和其他艺术家的作品中寻求灵感。

由于艺术是社会意义的创造性表达，因此它有助于将时装设计与更高级的审美语言联系起来。要知道，虽然艺术可以为创造性的探索奠定坚实的基础，但艺术作品是受到版权相关法律法规保护的。未经版权所有者的明确同意，将艺术作品完全复制用于任何商业用途都是违法行为。

历史和古代着装：历史提供了凝聚着创造力的宝库。设计师定期从历史和古代着装（简称古着）的图像中汲取灵感，无论是从肖像画、摄影文献、博物馆服装系列还是旧货店。设计师还可以通过观察所探索时期内拍摄的电影来研究该时期和古着服饰。在这种情况下，最好优先考虑在相关时期内拍摄的电影。例如，反映 20 世纪 60 年代初期风格的《谜中谜》，以其服装的历史准确性（17 世纪后期）而闻名的电影《巴黎春梦》（*Vatel*），以及反映 20 世纪 30 年代的《国王的演讲》（*the King's Speech*）。虽然历史可以为研究提供有价值的指导，但不可忘记的是，设计时装需要关注当代美学。简单地复制历史风格很可能会产生“戏装风格”，导致与当前时尚消费者缺乏相关性。

民族和宗教：少数民族、部落和宗教服饰与文化通常是独立于时尚潮流之外的。时装设计师经常会对这些资源感兴趣，并可能会从因纽特人的大衣、巴布亚人的头饰或马赛

上图：土著文化在纺织品、形状、颜色等方面具有丰富的创作潜力。然而，文化遗产的挪用可能是一个雷区。
右图：青年文化，比如伦敦的朋克青年，创造了设计师们可以从中受益的新趋势。

人的珠饰技艺中汲取灵感。重要的是，这些群体展示的许多服装样式都源于他们的精神信仰，因此，时装设计师应慎用它们，以免出现问题。了解与面料、服装、配饰或礼服形式有关的文化背景和价值观是至关重要的，这有助于确保最终结果不会冒犯某些群体。

青年文化：许多亚文化发展出了独特的风格。例如，朋克（Punk）、哥特（Goth）、垃圾（Grunge）和卡哇伊（kawaii），通过以独特的方式设计和组合服装，增强了服装风格的视觉效果。这些亚文化中的每一种都是从特定的政治和文化背景中演变而来的。因此，应该从这些亚文化中汲取视觉灵感，并从整体上将其理解为一种复杂的社会表达方式，而不仅是表面的视觉参考。

时装研究：研究当代时装以获得灵感可能很棘手。大多数专注于当前时装的研究都可以被有目的地用于品牌定位和竞争分析（competitive analysis）（请参阅第 49 页），因为此类研究主要是告知设计师有关市场的信息。因此，在开发具有前瞻性的创新设计时，它并不是特别有用。在进行时装研究时，设计师应偏爱独特的、原创的想法，这些想法可能来自前卫的设计师或街头风格。研究人员必须意识到，复制另一位设计师的技术或风格不可能有效地促进创意产品开发和品牌宣传。

自然与建筑环境：许多设计师从自然形态（如贝壳、波浪、花朵或树木）或建筑环境［如哥特式大教堂或弗兰克·盖里（Frank Gehry）的不可思议的建筑］中汲取灵感。研究对象的位置和外观可为整个设计过程提供潜在的有趣材料，并且可以为纺织品开发、表面实验、造型设计等提供有价值的资源。同样要注意，专注于自然与建筑环境的研究有时也会导致最终产品缺乏人性化。

加布里埃尔·维耶纳（Gabriel Villena）的素描，从直接观察中收集信息进行研究。

Creating Original Research

原创研究

上面列出的所有研究资源和途径都可能为设计师提供由他人制作的现有视觉材料。不可避免地，这有其局限性，因此填补现有研究中任何“空白”的最佳方法是产生新的原创研究。以下列出几种最常用的原创研究技术。

观察性绘画：绘画是一种强大的工具，通过绘画记录事物的过程可以使人们对所记录的主题有更深入的了解。通过这种方式，对古着或建筑结构绘出观察性草图有助于增强对主体的细节、表面质量、比例和体积的理解。如果只是快速浏览摄影研究，所有这些元素通常都会被忽略。使用这种技术的人必须专注于观察记录。在这种情况下，用服装画技法记录古着不是一种合适的方法，因为服装画技法本身就要求身体形态的变形和伸长，这会导致服装比例不准确。

摄影 / 录像：在数字时代，即时记录视觉信息成为可能。但是，研究人员想要通过摄影或录像来记录视觉材料，就必须有明确的使用意图。拍摄照片很容易，但要满足创意设计开发所需的清晰度和美学价值也并非易事。如果为了进行研究而做记录，则应充分细化所拍摄的图像，包括多个角度和特写镜头，并在良好的光线下拍摄，以全面了解当前的拍摄对象。如果照片或录像是为艺术视觉研究的发展而制作的，则应符合艺术摄影和摄像的定性审美语言。

可视化和抽象：基于文本的研究和其他非可视形式的研究可能需要进行可视化或抽象化，以生成可在设计开发阶段使用的研究内容。借助素描、油画或拼贴画等技术，设计师可以将诗歌、歌词、小说甚至音乐和其他非视觉艺术作品转换为富有灵感的视觉效果。虽然某些方法可能具有说明性意图（例如，显示文字所描述的视觉外观），但是更抽象的方法可以产生非常令人兴奋的创意结果。自动主义、手势艺术和行为艺术能够基于文本研究以超越逻辑的方式将情感价值转化出来，并且可以更直接、更艺术地与观察者建立联系。

在这场时装秀的最后，强烈的高饱和度色调和非彩色交替出现，营造出一种迷人的平衡效果。

Establishing a Color Story

色彩故事

颜色的选择是研究和设计过程中必不可少的步骤。消费者感知时装最先并不是通过关注服装结构或设计细节，而是通过本能地感知色彩。精心地选择颜色可以吸引消费者走进商店。许多消费者对颜色有强烈的、冲动的反应，并且在大多数情况下是对颜色的潜意识反应，这似乎常常无法解释。也就是说，色彩的选择可以遵循色彩理论的某些核心规则，这些规则旨在确保设计结果具有一定程度的意向性和结构性。因此，了解一些时尚色彩应用的关键规则是非常有必要的。

另一个重要的考虑因素是配色方案的叙事价值。色彩对于传达设计师的创作灵感至关重要。同样，色彩组合也可以传达一些信息，而这些信息有时可能与设计师的意图背道而驰。例如，白色、水绿色、蓝绿色和深蓝色可能会使观众联想起海洋，而薰衣草、淡褐色、灰蓝色和鼠尾草则可能会传达出普罗旺斯和法国南部乡村的美感。消费者不了解设计师的意图，可能会对所展示的设计做出最直接的解读，尤其是在色彩方面。因此，设计师必须始终意识到，他们希望使用的颜色可能会被他们的目标客户解读。

颜色编码、术语和关键配色方案

在任何工业环境中，对颜色进行编码都可以确保所有参与开发和生产某一产品的团队都受到相同信息的指导。生产一个时装系列涉及数十个分布在多个大洲的供应商、销售商和顾问。因此，以口头方式指定颜色（如“云杉绿”）可能会导致误解。潘通（Pantone）和元彩（Coloro）等公司已经开发了标准化的颜色编码系统，该系统可以使所有参与者进行准确的沟通。每当在设计过程中呈现颜色时，参考潘通或元彩编码信息是很有价值的。

要有效地应用色彩，就要熟悉色彩理论的基本术语和核心规则。请参阅第 78 页的色轮（color wheel）来学习以下术语。

色相（hue）：表示颜色的特性，在色轮上有各自的位置（如红色在顶部，蓝色在右下方，黄色在左下方）。

原色（primary color）：原色包括蓝色、红色和黄色。可以通过混合这些颜色，获得色轮上的其他色相。

间色（secondary color）：由两种原色混合而成的色调，如绿色来自蓝色和黄色。

复色（tertiary color）：由原色与间色混合而成的色相，如蓝绿色或红紫色。

浅色调（tint）：由任何色相与白色混合而产生的各种衍生色。在色轮图中，浅色调最靠近图像的中心。

深色调（shade）：将任何色相与黑色混合所产生的各种衍生色。在色轮图中，深色调显示在色轮的外圈。

非彩色（achromatic color）：白色、黑色和灰色调，不具有色调属性。

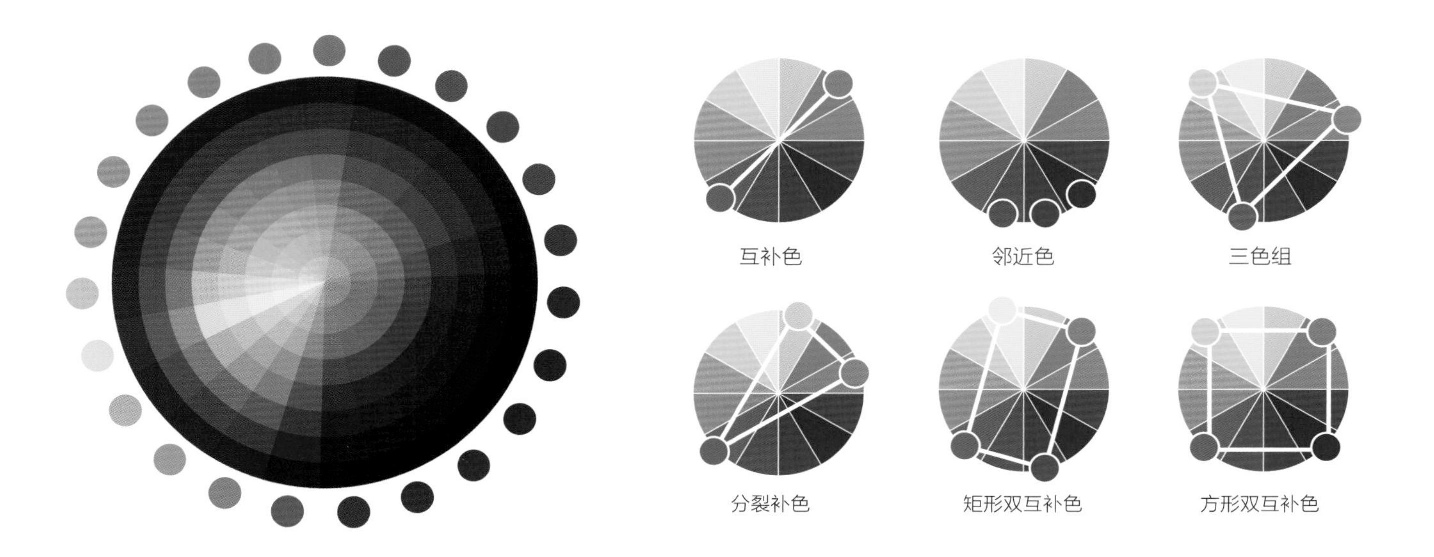

色轮。纯色（在色轮外面的小圆表示）分为深色调和浅色调。

饱和度（saturation）：颜色的视觉强度或鲜艳度。

现在，我们已经熟悉了基本的颜色术语，可以继续定义关键的配色方案了。除单色之外，下面还说明了其他配色方案。

单色（monochromatic）：只由一种色相组成的配色方案。这可能还包括色彩和其深色调或非彩色的使用。

互补色（complementary）：由在色轮上完全相反的色相组成的双色方案（如红色和绿色，黄色和紫色）。

邻近色（analogous）：一种使用色轮上彼此直接相邻的色相的配色方案（如蓝色 + 蓝紫 + 紫色，黄色 + 黄绿 + 绿色）。

三色组（triadic）：由色轮上均匀分布的颜色组成的三色方案（如红 + 蓝 + 黄，黄橙 + 红紫 + 蓝绿）。

分裂补色（split complementary）：由色轮中的一个色相加上其互补色的两个相邻色相组成的三色方案。

矩形双互补色（rectangular double complementary）：由色轮上不均匀间隔的两组互补组成的四色方案。

方形双互补色（square double complementary）：由两组在色轮上均匀分布的互补色组成的四色方案。

虽然这些色彩组合的标准规则应该被认为是色彩选择的基础，但是设计师不应该忘记——就像顾客体验到的本能的色彩反应一样——在选择色彩时，设计师应该使用自己的创造性直觉和审美敏感性。如果在选择时“感觉”一种颜色不合适，这就是一个强有力的指示，说明它应该被删除或替换。

调色板和颜色条

首先应通过开发调色板（color palette）来建立颜色选择。调色板是将在系列开发中使用的相关色样（或色片）进行简单的集合。通过混合水粉颜料或丙烯颜料来开发色卡，从五金店收集室内漆片或通过 Photoshop 或 Illustrator 进行数字调色板开发，都是不错的开始。然而，这些方法中的每一种都可能带来挑战，也就是说，设计师在目前纺织品市场上寻找这些特定颜色时可能会遇到困难。虽然依靠诸如 WGSN 或 Peclers 等预测公司发布的色彩预测可能在采购过程中更容易做出选择，但真正的创新者（innovator）

上图：色板可以帮助传达所选调色板如何在主题上与视觉研究相联系。此外，可以使用 Adobe Photoshop 或通过视觉颜色匹配，直接从研究的关键图像中提取调色板。

往往会选择在预测的商业调色板之外使用独特的色彩。这意味着要在织物上获得这些确切的颜色，设计师将需要与染料实验室和印刷专家合作，他们将负责开发定制的视觉颜色。

在调色板中，所有色样均应具有相同的大小，并且色样应整齐地组织起来，以便为印刷开发商、纺织品生产商和商品销售专家提供有效的参考。调色板应包括设计系列中将要使用的所有颜色，包括流行色（seasonal color）和主要颜色（staple color）（中性色，深色调的米色和棕色，海军蓝和非彩色）。

颜色条（color bar）以特定的排列方式使用调色板中的颜色，以说明建议范围内每种颜色的数量。颜色条是将矩形分成不同大小的区域，每个区域都用调色板中不同的颜色填充。一个调色板可以生成数百种不同的颜色条，每种颜色条都会以不同的方式表达设计系列的灵感和心情。因此，设计师应使用颜色条来可视化各种可能的颜色组合，以便最终做出最明智的决定。调色板和颜色条将作为面料采购、纺织品开发和设计开发以及系列编辑（editing）的指导方针。

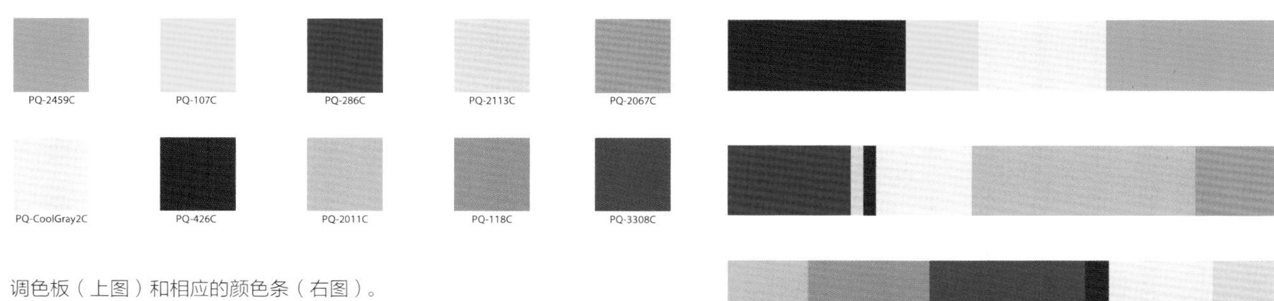

调色板（上图）和相应的颜色条（右图）。

Sourcing Materials

采购材料

一旦设计师确定了概念方向，并确定了概念将如何扩展到研究和可能的色彩应用中，就是时候开始寻找材料（material）了。材料是各种类型的设计开发的基础。因此，在进行创造性探索之前，设计师必须收集一个丰富的材料库供选择，以支持该系列的构思和实现。在采购材料时，必须考虑一些关键的因素，包括目的、适用性、市场环境以及基于生产的产业的可用性。

采购面料的多样性、目的和价格

许多成功的设计师在每个季节都为消费者提供各种各样的服装选择。产品多样性是确保产品系列成功满足消费者需求的关键。因此，在收集面料（fabric）时，面料的多样性是一个有价值的参考因素。虽然秋冬系列将推出更多的外套和分层服装，但即使是春夏系列，也可能包括各种单品（separate）、夹克、针织衫、外套等。有效的面料采购首先应该收集大量可供各种服装使用的面料，这些面料可以在产品成型时进行编辑。

收集面料时要考虑的另一个因素是最终产品的预期价格。面料应在建议的价格范围内提高并支持产品的价值。例如，为一系列设计师级别的晚礼服选择廉价的涤纶缎面会适得其反，因为消费者会被材料与产品的不匹配所困扰。同样，在一款面向中等市场（market level）的产品中使用豪华羊绒，将导致产品定价过高，超出目标消费者的消费能力。

商业产品采购

即使是最具创新性的设计师，也身在一个以商业思维方式生产和销售服装的行业中。除了具有独特的叙事功能但不属于商业展示品（showpiece）之外，服装必须由可投入生产（production run）的织物制成。这样，当产品系列呈现给消费者时，可以按照零售商（retailer）所要求的数量进行复制。这意味着当地面料商店通常不是一个合适的材料来源。当地的面料商店可能会提供一些有趣和意想不到的选择，并可以作为创作灵感的附加来源，但是在开发产品时，设计师应着重于直接从面料厂（或其代理商）那里获取面料。

与面料厂联系的最好方法是计划一次纺织品贸易展览会（fabric trade show）的采购之旅。这样的活动每年在全球多个重要地点举行多次，旨在将制造商（manufacturer）（和设计师）与他们所需的供应商联系起来。随着新的展览会定期举办，在网上简单地搜索一下，就能获得在特定地理区域举办的展览会的详细信息。计划参加纺织品贸易展览会的设计师还必须牢记，每一个展览会在产品定价方面都可能聚焦某一细分市场。

上图：时装厂商通过参加品锐至尚等展览会来采购面料。
右图：纺织品贸易展览会展示各种用途的纺织品。

在传统时装日历中，许多纺织品贸易展览会都安排在一个特定季节的设计开始加工的时候，如果采购工作不在此计划框架内进行，设计人员可以直接与工厂联系。许多纺织品贸易展览会为他们的参展商发布联系信息，因此也是全年都有用的资源平台。

无论是在展会期间亲自联系，还是在淡季与工厂的代理商和销售团队直接联系，采购的目的都是要收集尽可能多的织物样品。如果某系列被买家选中，就可以大量订购面料了。许多工厂还提供样布（sample yardage），这样设计师不必订购整卷材料就能生产该系列的样衣。直接与面料厂合作的另一个主要优势是，他们的价格通常大大低于面料商店，因为他们以批发价（wholesale）出售材料。

与纺织厂合作可能需要预先制订充分的计划，并需要花费更多的时间来得到样品，但这对于任何致力于创造商业上可行的产品的设计师来说都是一笔宝贵的投资。

上图：哥伦比亚品牌 A New Cross 的这条产品系列主要使用短纤维面料，从而增强了其跨季节的零售潜力。

下图：纺织品贸易展览会上的季节性印刷品。

底图：本色布可以轻松染色或印花。

主要面料和季节性面料

主要面料，就像主要颜色一样，在任何时装系列中都扮演着重要的基础性角色。主要面料可能会一季接一季地定期出现，因为它们不跟随季节的潮流而变化。诸如府绸、斜纹布、哔叽、平纹针织面料（jersey）、绉纱等许多材料通常都在生产销售，无论正在开发的特定系列是什么。许多设计品牌都有自己的主要面料，通常全年都有库存。

顾名思义，**季节性面料**只能用于特定季节。季节性面料包括有季节性色彩的面料，具有季节性印花或表面处理的面料，以及专门为满足季节趋势预测而编织或针织的面料。尽管设计师可以从纺织品贸易展览会（一些贸易展览会专门针对印花、面料整理、刺绣等）中采购季节性面料，但许多设计师还是在设计过程中开发了自己的创意面料。要实现这一创造性开发，就需要基本材料——坯布（greige good）。这些包括平纹细布或印花布（calico）的织物通常是未整理的，并允许设计师运用他们自己独特的印花和染色技术、刺绣、装饰、改造或表面处理去进行设计。

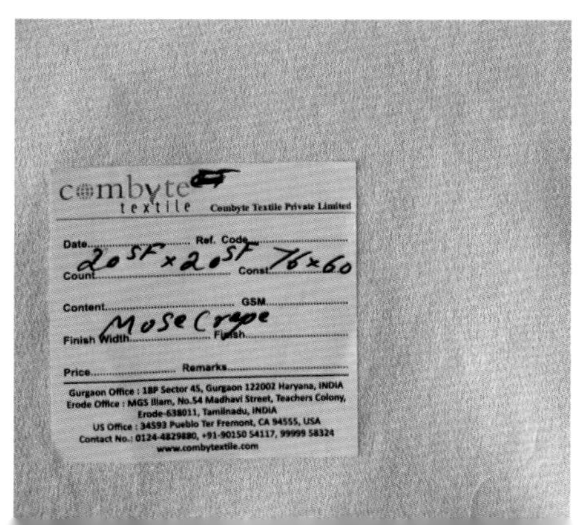

印度纺织染色工厂造成的水污染。

面料和材料采购中的环境和道德考量

材料是所有服装产品的基础。当前，时尚产业正受到越来越多的关于其道德和环境行为的关注，而其中许多关注直接与纺织工艺有关。因此，了解所采购的每种材料的来源和影响非常重要，尤其是那些宣传自己对环境或社会负责的品牌。

纤维的生产和加工正对我们的星球产生可怕的影响。即使是“天然”材料，例如棉花，也需要大量使用农药和杀虫剂，这会对生态系统和农业社区的健康产生不利影响。

纺织产品的染色会产生大量的污染物，这些污染物经常被排放到公共水域中。皮革染色所使用的化学物品危害很大，制革厂附近的社区居民易引发癌症、肝病和神经系统疾病。

同样，某些材料，例如丝绸、羊毛、皮革和毛皮，与动物保护问题直接相关。

这些只是目前影响纺织业的几个问题。我们鼓励设计师和行业利益相关者通过进一步阅读相关资料，深入研究这些问题（请参阅第 218 页）。

4. Textile development

第四章 纺织品发展

学习目标

- 了解创意纺织品在系列开发中的宝贵作用
- 识别机织和针织表面的结构和创意应用
- 探索染色的技术背景和美学可能性
- 了解印花和图案材料的各种类型和创造性用途
- 对装饰表面进行分类并评估其美学能力
- 评估工艺流程和工艺织物的创造性应用
- 介绍激光切割在时装领域的技术和美学应用
- 探索影响时装产业的新技术和制造工艺

Creative Textile Development

创意纺织品发展

原始面料的开发和使用对于希望增强产品系列所表达的品牌愿景或提出真正独特的材料产品的设计师和产品开发人员（product developers）至关重要。

服装的功能需求趋向于限制设计师在保持耐磨性的同时对廓形（silhouette）和构造（construction）进行改进的程度。这意味着在许多情况下，面料是创造产品趣味和价值的主要创意所在。

设计一个时装系列既需要对材料工艺有深入的认识，也需要有实施这些工艺的能力。较小的时装公司很可能会将面料设计的职责放在设计或产品开发团队中，这意味着时装设计师可以直接开发材料或与纺织品专家紧密合作。

本章重点介绍了设计和产品开发团队所采用的开发创意纺织品的主要途径，涵盖了从工艺驱动到技术驱动的一系列方法。让我们先学习一些纺织品用语。

核心纺织品术语

纤维（fiber）：纤维是构成纺织材料的最小成分，可以来自自然资源（例如，丝绸、棉花、羊毛或亚麻等），也可以是人造的（人造丝、涤纶和尼龙）。把纺成的丝条切成一定长度的纤维段称为短纤维（staple fiber），而长丝纤维（filament fiber）是连续长度很长的丝条。

纱线（yarn）：通常是将纤维（fiber）纺丝（或加捻）而成的线。合成材料中最好的长丝纱线可以由单根未纺纤维制成。

面料（fabrication）：使用纤维或纱线制造布料。针毡是一种基于纤维的制造形式，织造和针织是基于纱线的。某些材料，如乙烯基类材料和聚氨酯，是将液态的原料缩聚而成的，这意味着它们的制造无须纤维或纱线的参与。

后加工（finishing）：对面料进行后加工，是完成其生产并使其进入市场的过程。后加工可以是美学的，如印刷和压纹；也可以是功能性的，如防火和防烫。

对面：原创编织、印花和针织材料的组合可以带来意想不到的创意可能性。

Constructed Surfaces

构造表面

除皮革和毛皮等外，绝大多数时装材料可被归为两种主要类别：机织和针织。这些类别划分基于将纱线转变为可用布料的过程。每种类别的制造方法都有其自身的技术属性以及独特的创造可能性。

机织制品

作为生产织物的一种方法，编织很早就出现了。据说在新石器时代，人们就开始用芦苇制成篮子和其他容器了。

编织需要交织两组纱线。所有沿着成品布纵向的纱线称为经纱（warp），而从一边到另一边的纱线称为纬纱（weft或filling）。纱线的交叉过程形成了耐用、有弹性的表面，可以用于覆盖和定制服装。

构成经纬的线赋予了织物稳定性和强度，这就是为什么大多数由机织面料制成的服装都会在制作过程中将面料纹理（grain）[布料的经向平行于布边（selvedge）]与成品服装的垂直方向对齐。而要求流畅和柔软的服装，可以将整件服装的面料与直纹成45度角裁剪。

机织制品大体有以下分类：

平纹（plain weave）：在这种结构中，经纱和纬纱在每次相遇时都会交织。平纹常用于衬衫面料和丝绸面料，如府绸和塔夫绸。

牛津布（oxford）：在平纹的基础上，将两根或更多的纱线作为一组进行编织，最终效果类似于篮子编织表面。

斜纹（twill）：虽然每一行都遵循非常简单的图案规则，但斜纹通过在每一新行中将整个结构偏移给定的数量来获得其独特的斜向纹理。牛仔布、哔叽和钻布都是斜纹布。

人字纹（herringbone）：人字纹是在斜纹的基础上使织物具有锯齿形的质感。它通常用于西服、夹克、衬衫和外套材料。

缎纹（satin）：延长经纬交点之间的距离，使织物表面具有光泽。通常，该技术需要二经纱以赋予织物足够的强度使其可用。这就是为什么许多绸缎被称为缎面雪纺、缎面欧根纱或绉绸缎的原因。

绉纱（crepe）：此术语是指具有特殊品质的材料。绉纱通常具有卵石状的表面、海绵状的触感和弹性十足的褶皱。绉纱需要非常复杂的编织图案和强捻纱，从而使最终的织物具有弹性。轻绉纱包括乔其纱和双绉，双绉也可以用作量身定制的布料。

复杂编织（complex weave）：将上面列出的多种结构结合在一种材料中的任何织物都可以视为复杂编织。多臂织物、提花（jacquard）和锦缎都属于这一类，并且都呈现出复杂的纹理效果和图案。

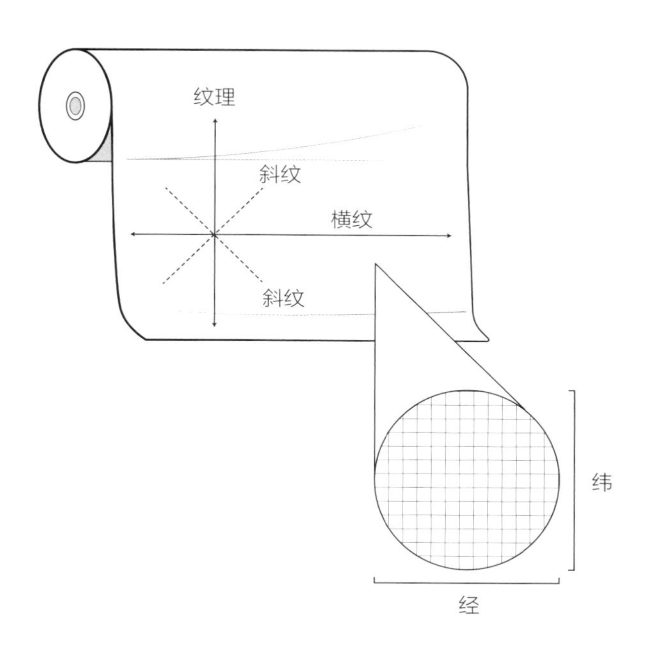

编织过程本身可以提供许多创造性试验的机会，所有这些都可以通过在小型手摇织机上取样来轻松地进行探索。样品织机上展示的任何想法都可以成为与专业织造厂合作的起点，从而生产出成码（1 码 =0.9144 米）的布料。

纹理（texture）

选择变形纱线（如毛圈线）或各种颜色和表面属性不同的纱线，可以生产出广受欢迎的纺织品。许多时尚品牌都定期使用独特的纹理编织作为品牌信息的一部分。香奈儿品牌以开发季节性变化的定制花呢而著称，将编织的创造力提升到了一个新的高度。尝试使用纹理编织的设计师应该考虑他们可用的各种材料，从蓬松的安哥拉纱到卢勒克斯金属丝织物，从粗糙的麻布到光滑的漆皮，然后必须根据所研究概念的创造性和叙事需求，以及所采样产品的功能、目的来评估和选择这些材料。

条纹（stripe）和格纹（ check）

编织的本质是通过纱线在两个方向上纵横交错来构造制品，这使得编织条纹和格纹变得非常容易。通过简单地改变经纱和纬纱中所用纱线的颜色，从简单的细条纹到最复杂的格子图案，设计师可以创造各种几何图案。

时装产业中大多数带条纹和格纹的机织制品都是通过这种方式生产的，而不是把图案印在纯色材料上。这是因为用染色纱织成条纹的材料，其寿命更长。这些制品在设计开发过程中通常被称为色织物（yarn-dyed fabrics）。

从质朴的碎布和格子布到精致的深色织物上的白色细线花纹，从传统的千鸟格花纹到有趣的未来视觉条纹，创意的可能性是无限的。

在设计条纹或格子图案时，第一步最好是使用传统绘画和艺术媒体将设计可视化。一旦确定了设计方向，使用专门的编织数字软件比手工试验快得多，特别是许多条纹和格子织物是用非常细的纱线编织的。在将设计思想传达给纺织厂时，对 Pointcarré Dobby 或 Textronic Design Dobby 等软件的基本了解可能非常有价值。

文化认同与格子呢

格子呢图案历史悠久，在凯尔特文化中扮演着独特而有意义的角色。每个格子图案代表一个特定的氏族或家庭，所以它们被自豪地穿着，作为身份和荣誉的标志。

使用格子呢面料的设计师应该敏锐地意识到这种文化背景，并尊重它的历史价值。时装品牌直接与苏格兰或爱尔兰的工厂合作，开发专属的格子呢，这可能是向这种丰富而迷人的传统致敬的一种方式。

复杂编织

多臂织物、提花和锦缎利用多种编织结构来获得独特的表面纹理和图案。这些材料通常使用细纱（如丝绸和棉花）制成，以制成轻至中等重量的服装用材料。由于这些织物的构造复杂，通过手工采样对其进行试验非常困难。对于提花或锦缎的设计，建议首先通过手工或计算机进行设计（就像印刷设计一样，请参见第 100 页），然后使用专用的编织设计软件将其转换为编织图案。

对面：创意编织试验，我们向纺织品设计师赫勒·格拉贝克（Helle Gråbæk）和玛丽亚·柯克·米科尔森（Maria Kirk Mikkelsen）的草图致敬。

下图：提花、印花和刺绣的混合是比利时设计师德赖斯·范诺顿的核心创意。

复杂编织的解释

许多时装产业专业人员可能会混淆这些术语：多臂，提花，锦缎，花缎。每个术语都具有特定含义，应准确使用。

多臂（dobby）：多臂织物的表面呈现出小而简单的几何纹理图案，如条纹、菱形或点。多臂织物最常用于制造衬衫。纺织品设计师还使用“多臂”一词来指代用于生产这种织物的特定类型的织机。

提花（jacquard）：提花是一种多色的机织织物，呈现出复杂的图案，如花布。一些提花是双面完成的，而另一些则可能在背面有一长股无纺纱，称为“浮纱”，在这种情况下，其可用性将仅限于服装内衬和领带。编织者还使用术语“提花”来指代用于生产许多复杂机织织物的特定类型的计算机织机系统。

锦缎（brocade）：锦缎采用一种复杂的彩色织法，其织物具有复杂的图案和纹理。锦缎通常是指用于外套或配饰的厚重织物。该名称源自意大利的 broccato，意为“压花布”。

花缎（damask）：一种中等重量的双面织造的机织织物，通常用于夹克、外套和配饰。花缎在传统上只使用两种颜色，现在已经进行了一些改动，可以实现多色效果。花缎起源于当今叙利亚的大马士革市。

纬编针织

经编针织

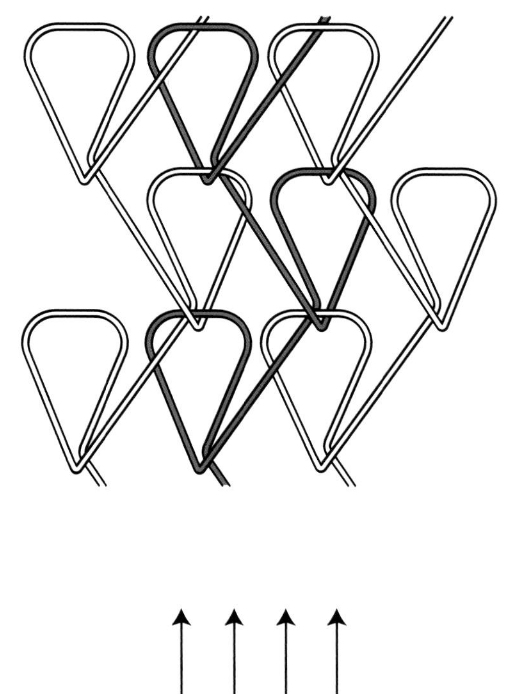

针织制品

代替在编织中纵横交错的经纱和纬纱，针织制品是通过在自身周围或其他线圈纱线上缠绕纱线制成的。这使得生产的布料具有两种截然不同于纺织物的特性：绝缘性和可伸缩性。

在针织系列中，有两种主要类别，即经编（warp knit）和纬编（weft knit）。在经编织物中，纱线主要在成品布中沿垂直方向延伸。属于该类别的各种材料包括经编布（tricot）、珠地面料、拉舍尔（raschel）和米兰尼斯（Milanese），通常在运动服和内衣等专业市场中可以找到。由于经编的复杂性，它们往往主要由机器而不是手工生产。

相比之下，纬编织物的纱线主要是左右并列。它们是通过按特定顺序排列正针和反针（purl）来织造的，大多数情况下会形成干净的垂直对齐方式，即线圈纵行（wale）。平纹针织（jersey）、华夫格针织、罗纹针织、绞花针织、费尔岛针织（fair isle）等，都是纬编针织。

对面：这是由古又文（Johan Ku）设计的作品，运用了实验性的针织技术。

众所周知，用手工制作经纱针织衫非常具有挑战性，而用较重的纱线（针织衫量级及以上）制作纬编织物则可以通过手工技术轻松地进行采样，包括对简单针法的创意编排。

针织制品分为两种类型：切缝针织品（cut-and-sew knit）和成型针织品（fashioned knit）。切缝针织品是通过使用精细针织面料来实现的，使用如平纹布、针织绒或斜纹布等，裁剪出衣片，然后使用缝纫机（serging machines）组装它们。这样可以在更短的时间内生产出较便宜的服装，但会产生相当多的浪费。

成型针织品是利用针织的特定功能，特别是一种被称为“减针”的技术，直接用纱线制作出形状各异的衣片，然后将这些衣片的边缘连接在一起以形成成品服装。这种技术更有可能被用于针织衫量级的生产，并且比切缝针织品成本更高。但是，它实际上消除了生产过程中的材料浪费。

虽然通常以重量（以盎司/平方码或克/平方米为单位来度量）来指代切缝针织品中使用的材料，但针织衫量级最有可能用针号（gauge）来描述。该术语指的是沿着针织

行水平测量的 1 英寸（约 2.5 厘米）纬编中存在的线圈数量。因此，12 针的针织衫比 4 针的针织衫要细。通常情况下，根据要开发的材料的预期针号来选择使用的纱线尺寸。

不管是手工取样，还是使用相对友好的针织机械，纬编织物都为创造力和试验提供了广泛的机会。下面列出的一些技术着重于色彩表现，而其他技术主要是为了增加纹理和表面趣味性。

条纹布（stripes）

因为纬编织物是连续排列的，所以很容易被制成条纹。只需改变任何一行纱线的颜色，就可以增加材料的视觉趣味。与机织条纹一样，针织条纹也可以实现从简单的布雷顿条纹到最复杂的图形图案等各种样式。通过打乱那些在光泽或纹理上而不是在颜色上差别很大的纱线，可以产生非常细微的条纹。

嵌花编织（intarsia）

创建更复杂的多色针织的一种方法是使用一种称为嵌花的技术。这要求针对针织物的特定部分引入不同的彩色纱线。在这种情况下，纱线以这样的方式加工能够产生展示颜色区域的单层织物。从花纹到几何图形，任何图案都可以作为嵌花工作的起点。菱形针织物起源于苏格兰，是嵌花技术的一种特殊变体。

费尔岛针织和双层针织（fair isle and double knits）

通过在任意给定的行中使用两根纱线（而不是一根），可以创建非常复杂的纬编变化。这样，编织者就可以选择在任何给定时间在布料的右侧使用哪根纱线，从而选择使用哪种颜色，进而创建复杂的图案。费尔岛针织展示了未使用的纱线在材料的反面水平延伸，而双层针织在两面均会产生一个完成的针织表面。

对面左图：这款 Lindy Bop 毛衣的蜜蜂采用嵌花编织技术制成。
对面右图：迈克高仕 2018 秋季时装秀的 T 台上的费尔岛针织品。

专为嵌花、费尔岛和双层针织设计

这些技术的模式可以很容易地在纸上或计算机屏幕上展示出来——在花费更多的时间来制作针织样品之前，这可以为多种设计方案的构思（ideation）提供机会。

设计师应该从编制一份他们可以使用的所有颜色的清单开始，在所选纱线中寻找可用的颜色样本。

可视化针织图案需要使用规范图（gauge graph），这是一个简单的模板，反映成品针织织物中每一针的实际尺寸。然后，每一针都可以手工或在屏幕上着色，以提供实际材料外观的预览。

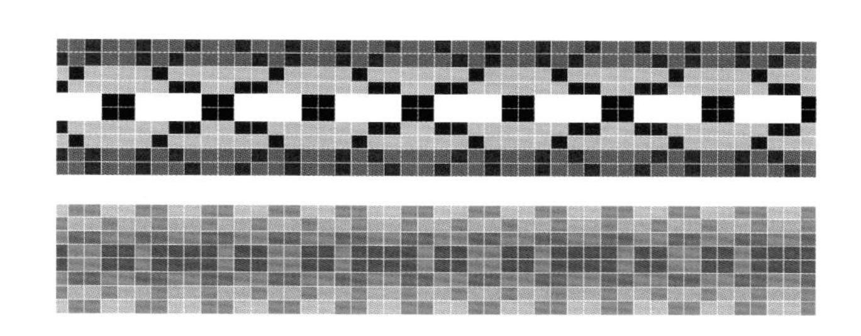

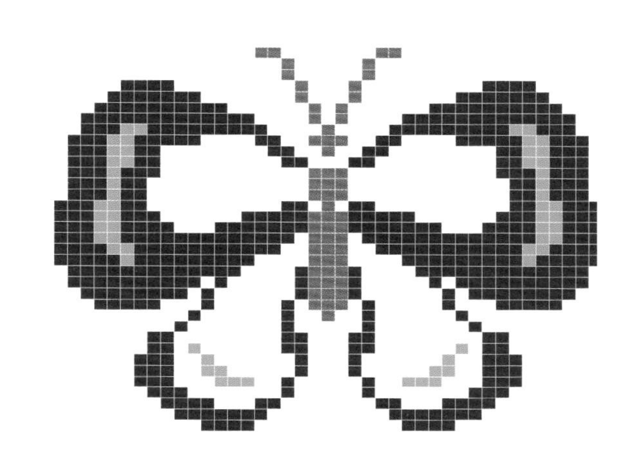

使用规范图可视化费尔岛（右上图）和嵌花设计（右图）。

简单的纹理针织

通过更改正针和反针的顺序，可以创建更多有趣的表面，如在给定的区域看起来是倾斜或突出的。此类别包括罗纹针织（其中每排中的正针和反针组以相同的规则顺序排列）及较复杂的华夫格针织、棋盘格针织或锯齿形针织，这些针织物需要更复杂的针迹才能达到所需的效果。

绞花针织和针织花边

除了非常容易掌握的基本编织技术外，还有一些更具挑战性的技术可以产生复杂的视觉效果。大多数简单的编织都是线圈纵行，但也可以将针迹分组并在每行中将它们向两侧移动。这会产生对角线或波浪状的纹理变化，这也是绞花针织面料的核心。

在织下一行时，也可以将一针拆成两针。这会在材料上形成一个可见的孔，可以有意地将其作为装饰元素，就像针织花边一样。

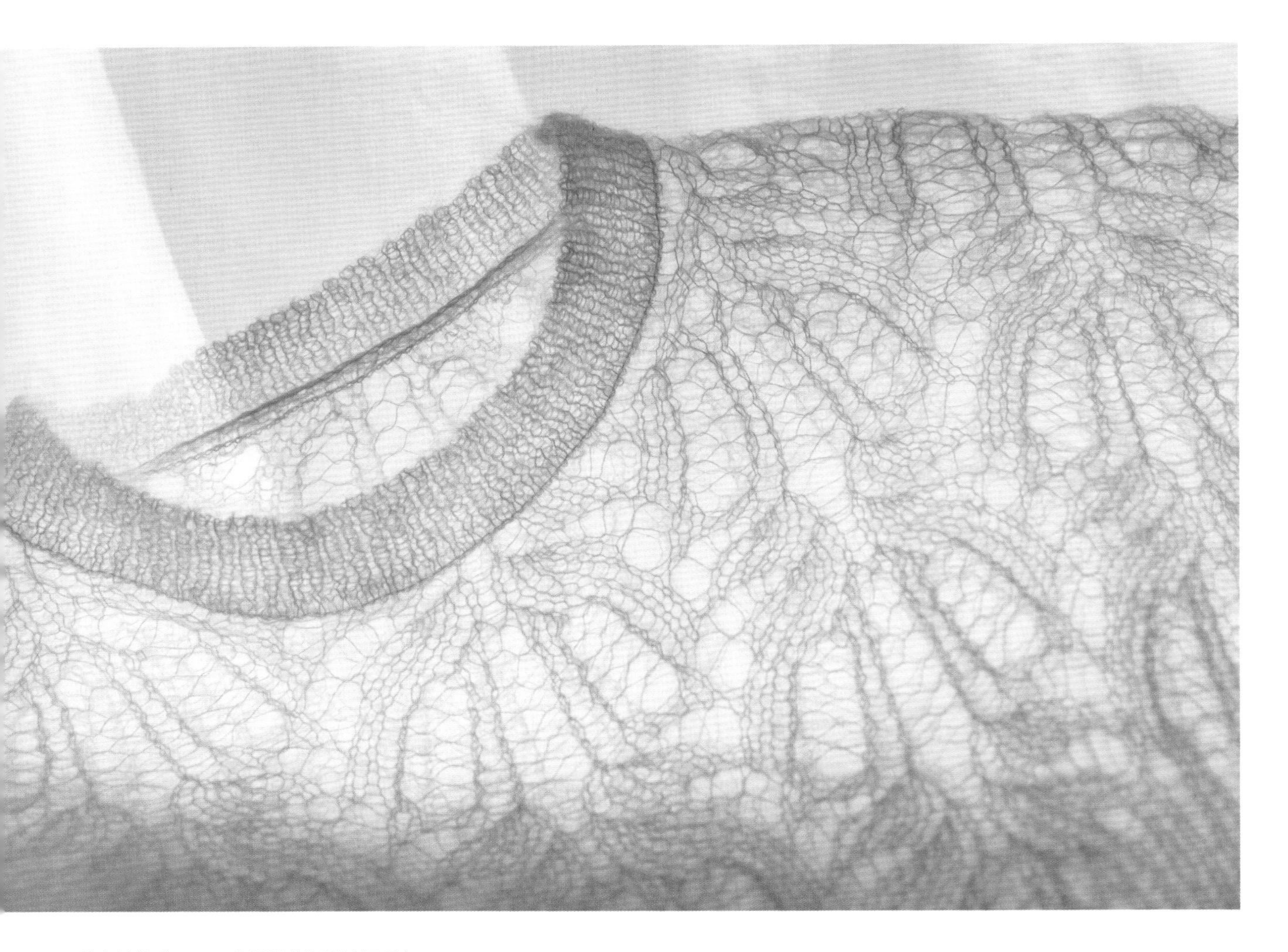

德尔波佐（Delpozo）设计的轻质针织毛衣。

非传统制造

许多为更具创意的时装市场设计产品的设计师一直在挑战传统的制造工艺。通过对不常见的制造形式的研究，这些设计师重新定义了工艺制造与工业制造之间的界限，或者冒险涉足高科技的新领域。

诸如刺毡、绳结编织、编辫、钩编、蕾丝制作等传统手工艺，为重新发现和发明时装的材料结构提供了沃土。

同样，用于机织、针织和编织的创新技术使得新型时尚产品的发展成为可能，例如3D针织的跑鞋和无缝编织服装。设计师通过与工业工程师密切合作，可以最有效地完成对制造过程的技术思考。事实上，它使这种构思时尚产品的新方式成为可能。

Dye Applications

染料应用

对纺织品进行创造性探索的另一个领域是染料技术。当然，在系列研究早期获得的许多材料已经呈现出特定的颜色，然而染色技术可以提供更多的颜色。

染色是一种化学过程，在这个过程中染料分子以化学方式附着在纤维上。不同的纤维需要不同类型的染料才能使化学反应正确地发生，具体见下表。

染色类型和适用纤维

染色类型	适用纤维	技术要求
直接染色（又称实性染色）	纤维素纤维，如棉、亚麻、苧麻、人造丝	高水温，含盐量高
酸性染色	蛋白质纤维，包括丝绸和羊毛	高水温和乙酸（醋）
碱性染色	丙烯酸纤维	高水温和乙酸
活性染色	丝绸和纤维素纤维，如棉	大多数活性染料在冷水和盐下都能有效地工作
分散染色	主要用于合成纤维，包括聚酯纤维、尼龙和丙烯酸纤维	一些分散染色需要加压染色缸来达到必要的染色温度
媒染染色	适用于各种材料，具体取决于所选的染料和媒染剂（mordant）的特定组合	众所周知这些染色过程是复杂和多样的。天然染色以及通常用于羊毛和皮革染色的铬染色都属于此类。其中一些要求使用的化学品对环境有害
还原染色	纤维素和蛋白质纤维	包括天然蓝染在内的还原染色需要进行化学溶解，才能应用于纤维。然后在干燥过程中接触氧气，使染料重新恢复其原来的颜色
偶氮染色、硫染色及其他染色	适用于多种材料，具体取决于所使用染料的具体类型	这些染色需要在纤维上结合两种或多种化学物质才能形成染色分子。这些染色可以产生高度不褪色的结果，但要求使用的化学品对环境有害

对面：来自纪梵希（Givenchy）2009 年秋季高级定制的渐变风格。

需要注意的另一个重要因素是，纤维染色是造成环境污染和有毒化学物质径流最严重的因素之一。它通常需要大量的水、能源和有毒化学物质。对于任何专注于环保采购和生产的品牌来说，了解这些是至关重要的。在过去的几年中，诸如科洛雷普（Colorep）和棉花公司（Cotton Incorporated）等公司和贸易组织一直致力于对环境损害较小的印染技术的研究。

创意染色技术

从最简单的色彩应用到高度复杂的艺术表现，染色为设计师和产品开发人员提供了广泛的创意。在纺织材料的任何开发阶段都可以使用颜色，这为广泛的创造性发挥提供了机会。在纺纱前对纤维进行染色，可产生多色纱线或花色纱线；在生产前对纱线进行染色，可形成有用的色织条纹和格纹；而对机织或针织织物进行染色，则可以产生纯色的、有阴影的或绘画般的表面外观。下面概述了将染料应用到纱线和织物上的主要技术。

还原染色（vat-dyeing）

使用染料浴（如蒸煮锅或工业染缸）将纱线或织物染色的方法称为还原染色。该技术主要用于染制纯色，但也可以进行创造性的探索。还原染色是开发定制配色的传统方式，因此，设计师希望使用市场上不容易获得的颜色，这需要探索在染色过程中颜色混合的创造性能力。虽然混合染色以达到特定的颜色效果可能需要技术知识和专业知识，但是在建立品牌特定的颜色方式方面它可能是非常有价值的工具。

浸渍染色（dip-dyeing）

许多形式的染色都侧重于将部分染料涂到纱线或织物上，其中一种方法就是浸渍染色。这种技术依赖于在染料浴中反复浸渍材料以达到颜色渐变而不是均匀的纯色。最传统的浸染产品是渐变（ombré）织物。也可以使用浸渍染色技术来探索更具绘画性和创造性的有趣效果。

防染染色（resist-dyeing）

在织物上涂抹蜡、米糊或树脂可防止其在特定区域吸收染料。这种做法作为一种纺织基础工艺，被称为防染染色或蜡染色（wax-dyeing）。由于它可以使用相对简单的工具轻松创建复杂的设计，因此已被许多不同的文化所采用。其中最著名的面料是印度尼西亚的蜡染布、日本的筒描染（tsutsugaki）布和尼日利亚的约鲁巴布。

有时，术语“防染染色”通常用于表示所有阻止染料进入纤维的染色技术。这实际上包括上述技术的变体，以及基于结扎织物再染色的扎染工艺。

上图： 绞染，一种传统的扎染技术。
对面： 安东尼和艾莉森（Antoni & Alison）的染色作品。

扎染（tie-dyeing）

通过在织物的某些区域施加压力，可以防止这些区域吸收染料。这种技术可以通过捆绑或打结织物来实现，或者使用各种工具，如夹子、橡皮筋、绳子和木板。扎染的一种特殊类型起源于 8 世纪的日本，被称为绞染（shibori），已广泛用于时尚产品中。

织物绘画（fabric-painting）

就像在纸上绘画时使用墨水一样，染料也可以直接画在布料上。但是，在此过程中可能会出现一些技术上的挑战。困难之一是，大多数布料具有高吸水性，这会导致染料"流失"。可以通过在织物上小面积涂抹合成抗蚀剂来解决此问题，这将阻止湿染料不受控制地渗入布料。对染色的另一项技术要求取决于所使用的染料的类型，需要施加热量以便能够发生染色反应。这可以通过在室温下涂漆后蒸布或烘烤布来完成。另外，也可以考虑使用活性染料，它不需要高温。

一种叫作絣织（ikat）的特殊技术要求在织布之前把经线涂上颜色，这会在成品材料中产生高度可识别的设计。

Prints and Patterns

印花和图案

印花技术的发展使彩色图案材料的生产比以往任何时候都更快、更容易且更便宜。当今时装市场上存在的三种主要印花技术是雕版印花、丝网印花和数字印花。

雕版印花（woodblock printing）需要将设计图案雕刻到一块木头上，然后可以将其用作印章在布料上施加颜色。这种工艺非常古老，但至今仍被用于生产诸如印花棉布和佩斯利花纹织物等。

丝网印花（screen printing）被认为起源于中国。自发明以来，这项技术几乎没有什么变化。当然，它已经被机械化并用于生产大量材料，但核心原理是没有改变的。丝网印花依赖于使用模板对染料或颜料加以选择性应用，模板由丝网支撑，该技术的名称由此而来。用于制作图案的每块丝网通常只打印一种颜色；最终的印花图案是通过仔细放置单一颜色区域来实现的，这通常被称为图形印花（graphic print）。丝网印花的一大优势在于丝网可用于在织物上涂抹多种浆料，这样就可以印出不透明的颜料颜色，将胶水用于植绒和箔，酸洗膏用于烧花工艺（devoré）。

数字印花（digital printing）使用先进的机械设备，这些设备最初是为办公室和商业印花而开发的，可以将图像直接从计算机屏幕上印刷到织物上。当探索摄影印花（photographic print）设计的创造性潜力时，这个过程的便捷性使它成为特别有价值的工具。数字印花的局限性在于两个因素：色彩质量和成本。由于数字打印机将墨水喷射到布料的表面上，因此布料容易褪色，而且很难进行颜色匹配。数字印花比丝网印花速度慢得多，因此成本也高得多，尤其是在生产大码数的印花织物时。

上图：伯里亚纳·彼得洛娃（Boryana Petrova）设计的雕版印花、数字印花以及其他装饰。

对面：玛丽·卡特兰佐（Mary Katrantzou）在她的 2018 年秋冬系列中广泛使用数字印花。

weimar

开发印花设计

开发印花设计的第一步是确定它是图形的还是摄影的，如何利用收集的创意研究来确定概念的方向。无论是放置印花、全面重复印花还是工程印花，这些选项中的每一个都提供了创造性的机遇和挑战，必须在设计过程中加以管理。

放置印花（placement print）是放置在织物或衣服特定区域上的设计。印花T恤是一个很好的例子，它说明这种印花在行业的某些领域得到了广泛的应用，其主要原因有两个：易于生产和视觉冲击。高端市场的品牌正在努力增强对年轻受众的吸引力，通常会利用放置印花来实现这一点。

放置印花非常简单。在许多方面，无论是在纸上绘制或设计的任何东西，都可以通过丝网印花或数字印花工艺很容易地应用到布料上。设计师应意识到，印花的位置应以不与缝（seam）或省（dart）相交的方式确定，因为在这些区域印花会在印刷过程中遇到困难。

在服装裁剪和制作之前，**全面重复印花**（allover repeat print）应用于织物，可覆盖整个布料。从H&M的大众市场连衣裙到维果罗夫的高级女装上衣，全面印花在时装界起着重要的作用。

设计全面重复印花开始时可能是一个挑战，但是只要细心和耐心，就可以相对快速地掌握它。这是一种能够持续带来回报的技能之一，所以在最初投入时间绝对是值得的。

图案的重复通常基于一个主要设计单元，该单元从一侧到另一侧、从上到下复制。设计越大，该单元可能就越大。这个中心结构可以遵循标准方形重复，水平错位图案重复（砖重复，brick repeat），垂直错位图案重复（半滴重复，half-drop）。每次重复使用时，单元也可以被设计成垂直

三宅一生的衬衫和西服均采用全面印花。2014年中国时装周。

或水平的。可以通过手工、数字方式或两者结合的方式来设计主要设计单元。设计人员应首先确定将要使用的重复类型，然后将所有必要的设计元素放置在基本单元中，并小心匹配位于设计边缘的那些元素。除了简单的几何图形外，越是复杂的设计，这通常意味着更时尚的印花，越有可能让观者无法轻易识别出主要的设计单元。

重复印花设计的主要目的是在布料上创造无缝流畅的视觉印象，因此一个好的重复图案应该看起来统一和完整。

工程印花（engineered print）是覆盖在成品服装上的完整三维图案，它们在所有接缝、褶裥和封口处都完全匹配。这是最先进的印花设计，需要对印花开发和服装结构都有透彻的了解。

工程印花开发的第一步是确定服装各个角度外观的草图。接下来，设计团队必须通过开发可用于生产的平纹细布原型（muslin prototype）来设计出服装的精确三维形状，而印花设计团队将负责完善和确定构成最终印花的各种元素。

一旦解决了平纹细布原型和印花元素问题，就可以通过追踪、绘制或将所有设计元素直接附加到平纹细布原型上进行设计。在印花完成后，将其所有接缝打开，将原型分解，从而将设计转化为可打印的 2D 格式。这些将被数字化、整理并形成可打印的布局（layout）图，然后将其打印到最终的布料上。

在工程印花的开发中，必须仔细考虑的一个技术问题是许多印花过程会导致织物收缩。这必须通过使用预缩织物进行测试和预防，或者在设计过程中进行逆向设计。

诸如格柏（Gerber）平台的专用数字软件已大大提高了实现此过程的便利性，但较小的设计团队可能不容易使用它，因此，熟练掌握手工创建工程印花是非常有价值的。

2008 年春季，迪奥高级定制时装秀上的工程印花。

Embellishment

装饰

时装业几乎在市场的各个层面上都充分利用了装饰手段。装饰手段是将线、珠、亮片或织物缝制或附着到基础材料上，其中有数百种不同的技术。

装饰与文明一样古老。在古代，人们会在衣服上用刺绣（embroidery）和串珠（beading）来装饰服装，同时这象征着富裕和社会影响力。这些技术中许多都是费时的，特别是在机械化刺绣出现之前，使用装饰显然是一种财富的象征。

从中亚的锁链图案到英国的绒线刺绣（crewelwork），从非洲的桑布鲁串珠到美洲土著药师的仪式长袍，许多文明都在发展具有重要文化意义的服饰方面采用了装饰。当代设计师必须对这些类型的纺织品设计的文化含义进行深入研究，以免会冒不恰当地使用某种文化传统的风险。

当生产大量装饰材料时，设计师可以选择机械化手段，或者选择与手工刺绣供应商合作。现如今尽管少数手工刺绣供应商仍在欧洲经营，但许多都位于南亚，那里有着装饰手工艺品的文化传统，并且可以提供廉价的劳动力。

在专业工作室中，手工装饰通常会使用鼓形绷架（tambour，来自法语，意思是“鼓”），一种绷住大部分织物的笨重框架，并且要求工人使用专门的钩针。与直针装饰相比，这可以产生更快的结果，但是需要专门的培训。设计师应考虑装饰的创造潜力，并从使用简单的直针技术制作样品表面开始。从创意开发到生产的过程中，这些样本随后可以转化为机械化生产或鼓形装饰。

德尔波佐装饰的细节。

刺绣

刺绣可以简单地定义为作为缝纫技术的装饰，所需要的只是织物、针和线。虽然使用的线（或丝绵）的粗细取决于正在开发中的个人设计，但应用于时装产品的基本刺绣针法都非常容易掌握。

牛仔裤后袋的明线设计是简单而有效使用刺绣的一个例子。通过创造性地使用基本针法，无论是手工还是机器，都可以产生令人难以置信的复杂且豪华的表面。基材的选择和刺绣作品密度的确定应在清楚了解织物最终目标和用途的基础上进行。

手工刺绣常用针法

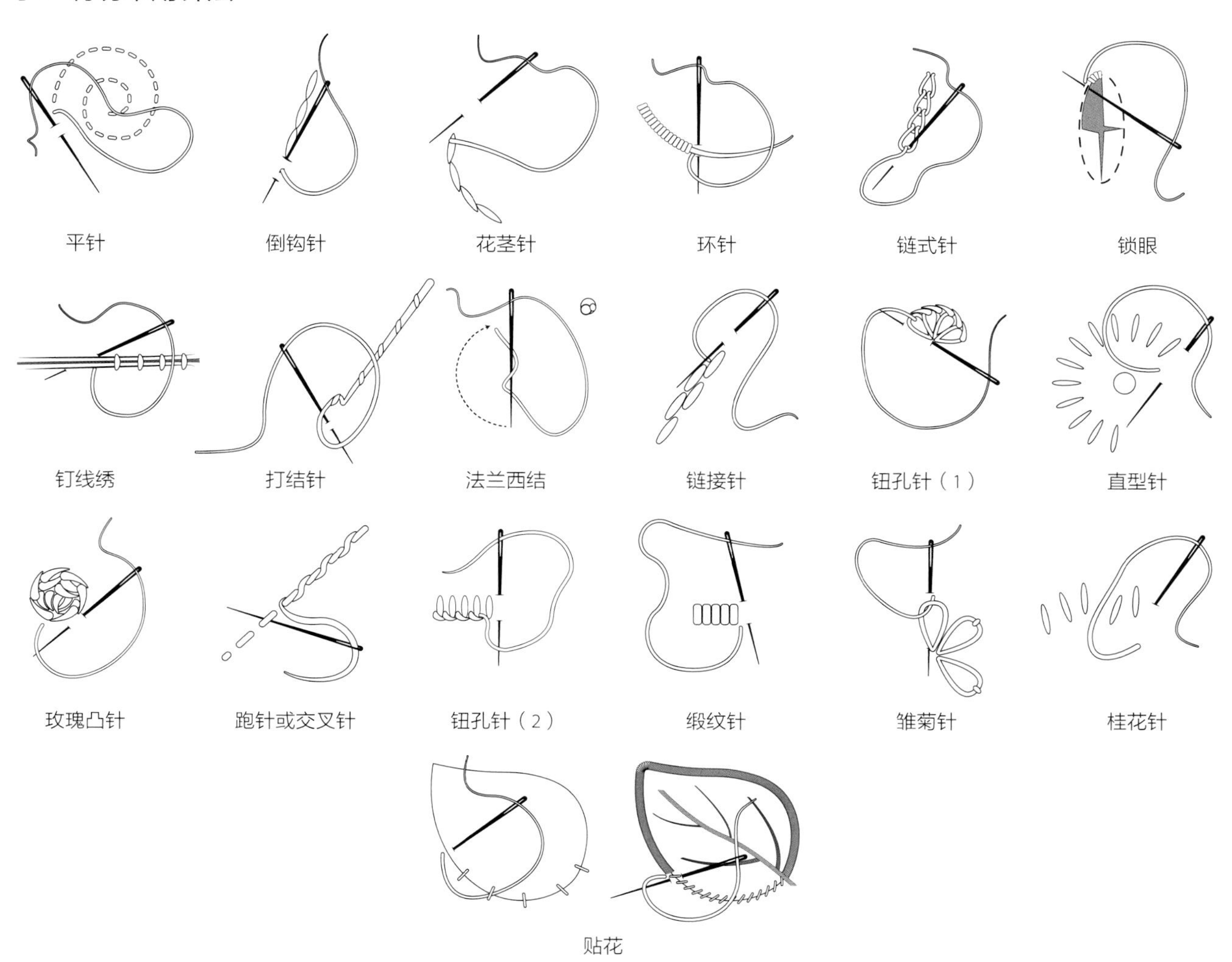

用来装饰迪奥高级时装的针法也普遍用于大众市场的童装和手工纺织品的制作。因此，对于如何使用该技术进行仔细的定性认识对于确保成品的商业价值至关重要。

串珠（beading）

串珠是指使用缝纫技术将小块玻璃、水晶或宝石和半宝石附着到布料上。根据所涉及的设计和材料的类型，串珠在传统上一直与欧洲贵族服饰、好莱坞服饰和民族服饰相关联。时至今日，串珠仍主要用于这些领域。

由于珠子本身是固体且非常密集，因此需要仔细规划。珠子的摆放位置应使其不会干扰缝或省，因为不可能穿过密密麻麻的串珠进行缝制。应根据珠子的重量以及最终产品的预期功能和耐磨性，仔细决定所用珠子的类型和数量。

亮片饰品（sequin work）

尽管圆盘形的珠子已长期用于各种传统的装饰风格，但从19世纪后期到20世纪40年代，亮片饰品成为一种越来越流行的时尚。这一时期，越来越多的人将注意力集中在中产阶级的时装商业化上，这为以廉价的方式实现华丽的风格提供了绝佳的机会。

上左：杰西卡·格雷迪（Jessica Grady）用亮片、串珠和刺绣制作的有趣表面作品。
上右：德尔波佐使用亮片为服装的褶皱元素赋予造型，将装饰和结构相结合。
右图：2016 年秋季夏帕瑞丽高级定制系列中的粗体贴花。
对面：由朱迪·拉夫（Jodie Ruffle）设计的富有创意的刺绣造型。

亮片比串珠更便宜、更轻且附着更快，虽然最复杂的变化仍然主要由手工执行，但有可能机械化生产更简单的金属亮片材料，从而使其具有极高的性价比。

贴花（appliqué）

贴花有时被称为“修补”，使用刺绣技术将一部分织物缝在基础材料上。根据所使用贴花方法的复杂性和刺绣针法的技巧，使最终的材料产生相当广泛的变化。从坚固的军装外套到时装级别的花卉图案均可使用贴花工艺。高端蕾丝制作通常使用贴花技术，这样最终的服装就可以实现无缝外观。

许多消费者倾向于将传统贴花与童装相关联，因为它经常被纳入这个市场定位。设计师和产品开发人员在开发面向成年消费者的时尚产品时，如果想避免产品线显得过于幼稚，就应该意识到这种联系。

黏合装饰（glued embellishments）

有些用于装饰的物品很难用标准的缝纫方法缝制，因此它们是用特殊的纺织胶或热敏树脂附着在织物上，其中包括平底晶体或水钻。这些装饰宝石的背面涂有树脂，该树脂通过热压融化，将装饰宝石黏合到织物上而无须缝制。羽毛加工通常也使用纺织胶黏合。

上面列出的所有技术经常被结合起来，以开发更复杂的表面设计。因此，虽然分别掌握每一组的技术诀窍很有用，但熟练使用各种装饰工具将极大地提高设计师在工作中使用材料的兴趣。

Manipulations

操作

装饰的目的是装饰底布，而操作倾向于改变材料的纹理外观。这可以通过各种技术来实现，下面这些类别是根据所采用的技术如何引起表面质量变化来划分的。

缝制操作（sewn manipulation）

此类别中的技术包括打褶裥（smocking）、缝塔克（tucking）、做褶饰（ruching，碎褶或装饰性褶带）、拼布（patchwork）、绗缝（quilting）和提花垫纬凸纹车缝（trapunto）。

所有这些技术都是通过将织物缝制到自身或另一层上来实现的，以创建一个可控的三维表面。由此产生的材料可用于多种服装类型，从夏季的薄纱上衣到防护外套。

热定型操作（heat-set manipulation）

这类技术包括打褶、压皱（crushing）和压纹。许多织物可以通过仔细地加热和加压来塑形。这可以产生非常可控的结果，如褶皱材料或更多的有机结果，如通过压皱产生的结果。虽然随着时间的推移，大多数天然纤维会失去褶皱，但含有热塑性纤维的材料可以永久打褶，以达到耐水洗的效果。

压纹稍微复杂一点，因为它需要使用金属板或滚筒雕刻成所需的设计。从传统的锦缎图案到未来主义的几何图形，这种技术可以用来创建非常多样化的表面。在皮革生产中，压纹技术通常用于制作外观奇特的皮革，如人造蟒蛇皮或人造鳄鱼皮。

表面处理（surface treatment）

这类技术包括刷、喷砂和磨砂。许多品牌希望他们的服装看起来破旧或磨损，因为这可以给产品带来一种审美上的真实感，尤其是在某些市场，如牛仔布。材料和服装的有做旧过程取决于对表面的仔细处理。这些可以在服装剪裁和缝制之前在织物上完成，也可以在造型完成之后应用于服装。

穿孔（perforation）

顾名思义，穿孔涉及在织物上切孔。在工业上，尤其是在生产大量穿孔的织物时，这往往是通过使用模切机（好比饼干切割机）来完成的。为了使穿孔自动包封并能够抗磨损，可以加热模板，以烧切切割边缘。

上图：康斯坦斯·布莱克勒（Constance Blackaller）的拼布外观插画。
对面：日本品牌 FDMTL 以其水洗牛仔布拼布工作服赢得了极高的声誉。

Laser-cutting

激光切割

激光切割是一种相对现代的技术，在 20 世纪 60 年代因激光技术的应用使其成为可能，并在时装产业中获得了重要的价值和意义。工业激光几乎可以用来燃烧或切割任何材料。一旦这项技术变得实惠，时装设计师就会开始将其用于众多创意中。

当然，激光切割可用于完全切割材料，从而形成穿孔的表面，也可用于将设计光栅化（蚀刻）到布料的表面。例如，将锦缎图案蚀刻到缎面中会导致烧焦的区域比原始缎面更暗，从而使成品布料具有压纹外观。激光光栅处理通常还用作牛仔裤的修正工艺，以使最终服装具有做旧效果。

与传统的压印、穿孔或表面处理相比，激光技术具有一些主要优势，即它的速度，易于设置并能够用于短时间小批量的生产，而没有重大的额外费用。

大多数用于时装材料的激光切割机都具有非常清晰且非常人性化的技术要求。它们通常与大多数基于矢量的图形设计软件（如 Adobe Illustrator）兼容。一旦进入机器，对激光切割设计进行采样就不会特别困难。为了避免在与外部供应商合作时浪费时间或产生不必要的采样费用，设计人员应首先计划和测试他们的设计。主要的步骤是通过手绘或电脑绘制出简单的线条，使裁剪设计可视化。然后，将设计打印到纸上并使用精密刀将其剪出，这是非常有用的。这样可以暴露出图案缺陷，而设计师可以在面料取样之前纠正这些缺陷。一旦图样经过测试，就可以通过基于矢量的设计软件最终确定图样，并与所需的面料一起发送给激光切割专家。

New Technology and Fabrication Development

新技术和制造工艺发展

许多设计师将其创新实践重点放在尝试创新的材料工艺上，而不是那些与服装生产有关的传统工艺。具有前瞻性的设计师，如艾里斯·范荷本（Iris van Herpen）特别关注基于解决方案的材料和 3D 打印技术（3D printing）的使用。两者都可以提供独特的创意应用程序，重新定义服装的构思、设计和构造方式。

使用树脂、乳胶和其他基于溶液的材料已经挑战了传统的制造边界，传统的制造边界通常局限于布料的平直长度。这些解决方案可以被塑造成三维形状，并在固化阶段形成该形状，从而减少了对传统服装定型和缝制过程的需求。

同样，3D 打印（快速成型技术）涉及使用先进的机械，以热塑性材料创建复杂的三维形状。尽管当前 3D 打印的技术局限性使得它无法用于大规模服装生产，但该技术正在快速发展。虽然艾里斯·范荷本、ThreeASFOUR 和其他人主要在展品和概念原型的背景下探索 3D 打印的创意可能性，但是许多创意领导者将 3D 打印视为时装业可能考虑的方向，因为它致力于开发出对环境和社会负责的方式来生产服装。

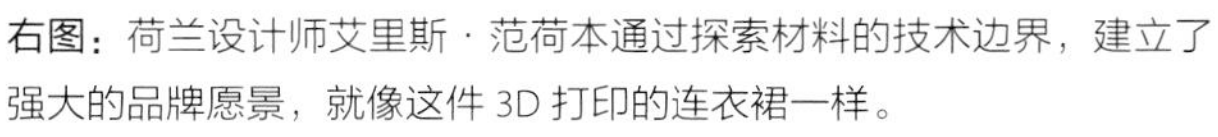

右图：荷兰设计师艾里斯·范荷本通过探索材料的技术边界，建立了强大的品牌愿景，就像这件 3D 打印的连衣裙一样。
对面：马丁·范斯特恩（Martijn van Strien）的激光切割造型。

Designer Profile: Holly Fulton

设计师简介：霍莉·富尔顿

霍莉·富尔顿是她同名品牌的创意总监。

您的作品运用了多种纺织技术。您更喜欢用哪一种？为什么？

我的主要爱好是创建图案，然后通过各种媒体以 3D 形式对其进行渲染。印刷一直是我们工作的核心，但我一直在大量使用塑料。我喜欢它带来的纯正色彩和合成的活力，这与我对波普艺术和高光泽度表面的热爱有关。我喜欢可以使用激光切割的材料，以及诸如木材和贝壳层压板之类的材料，并将它们与金属混合，既可以采用定制切割形式，也可以通过螺栓和其他工业零件组合。我早期的工作使用了许多非传统材料，主要围绕五金件，而将它们与水晶体一起错落呈现仍然使我感到兴奋。

什么促使您想成为设计师？

我对时装一直很感兴趣，但直到完成基础课程并涉足时装和纺织品后，我才意识到这是我的职业。我在英国伦敦皇家艺术学院（Royal College of Art）取得了文学硕士学位，这体现了我对设计的热爱，使我的跨学科工作得以蓬勃发展，而服装却成为我图形多媒体风格的完美载体。

您如何形容您的品牌？

我们是高端女装品牌，着重于标志性图形和图案以及奢华的工艺。我们提供从珠宝、手袋和太阳镜，到服装和鞋类的整体外观。我们以使用图形线条和大胆的颜色而闻名，而我们的主要卖点是我们所有的图案和装饰都是手工渲染的。我直接在服装上设计每条线，对我而言，准确了解每个元素在穿着者身上的位置非常重要。

您为什么选择利基市场？它给您提供了什么机会？

我认为是利基市场选择了我。我很幸运地占据了一个不是很多设计师都能占据的空间。我的工作包括手工绘制纺织品印花和装饰，同时演变出最终的外观，这使我与众不同。我没有预见到会有合作的机会；深深植根于我们“招牌式”的图形和图案，这使我们不仅可以作为时装设计师，而且可以作为设计师与众多品牌合作，设计各种类别的产品。能够扩展到更广阔的设计领域，对我们的传统业务而言是非常积极和令人兴奋的补充。

您选择的客户和市场如何影响您的设计方法？

重要的是要考虑消费者和对作品最满意的地方。通过展厅、小型展销会（trunk show）、零售商（retailer）反馈以及私人客户的工作，我们已经能够建立起我们客户的档案并在设计商品时考虑他们的想法。我们的风格没有因客户的改变而改变，而是通过他们的生活方式和喜好来增强我们的风格。我们希望创造出既能保持客户对我们作品的热爱，又能推动我们成为设计师并挑战当代设计的作品。我们将始终考虑诸如存货商（stockist）所处区域的气候等因素，并经常针对特定季节的地区开发专属产品。

您在发展业务时遇到的主要挑战是什么？

如何在创意和业务之间取得平衡。为了支持、维持和发展创意和团队，我必须对此有一个深刻的理解。平衡品牌运营的需求可能是一项挑战。这是一项耗费精力的工作，我的奉献精神偶尔会受到考验。学会管理他人以及自己的期望很重要。财务压力、业务计划以及对现金流的意识，使我能够进行战略规划，这是一个尖锐的学习曲线。我已经学会在策略设计上投入同样多的时间和精力。

您如何看待您所在行业的未来？

时装界的格局在不断演变，该产业固有的传统也在发生变化。我希望设计师将可持续性作为其实践的一部分，不仅要考虑作品的影响，还要考虑整个产业所传达的信息。我相信高端时装总会有一席之地，但我觉得我有责任关心我的消费者，以及我在设计中树立的榜样，仔细考虑我的制造和方法。数字时代让处于劣势的人有机会创建有效的商业模式，而无须参与时装周。这种创造性令人兴奋；新人将有机会大放异彩，尤其是在伦敦，我希望这能继续以更加谨慎和环保的方式来发展。

5. Design development

第五章　设计开发

学习目标

- 探索创建一个系列的设计过程
- 了解草图、拼贴和数字媒体在系列开发中的创造性使用
- 探索各种各样的时装廓形
- 确定在人体模型上使用立体裁剪的多种方法和用途
- 了解系列开发中的数字建模技术
- 探索注重细节的设计及其在创意系列开发中的应用
- 意识到采样观念在探索和展示时装中的重要性
- 学习将原始时装系列可视化的步骤

Design Processes

设计过程

将原始灵感转化为一个完整的时装产品是一项充满挑战、令人振奋和令人兴奋的任务。时装产业的繁荣源于想象力和创新，而设计师的主要能力是专注于探索给定的灵感起点所提供的所有可能的创造性途径。在第四章中我们讨论了原始纺织品的重要作用，在此我们则主要关注探索、可视化和采样三维服装的步骤，以及这些步骤如何在一个时装系列的发展中与纺织品选择相结合。本章讨论的各种工具和技术可以用于设计师和产品开发人员（product developers）的设计实践。

设计师和产品开发人员，尤其是那些正在接受培训的人员，应习惯性地通过设计过程记录本（process book）或草图本（sketchbook）记录他们的创造性探索。术语“过程记录本”将作为这个讨论的一部分被优先使用，因为有关收集 - 开发过程的完整文档不仅涉及草图，还可能包括拼贴画（collage）、原始立体裁剪图像、细节采样、摄影、数字媒体等。

过程记录本是展示设计师创造性能力的有价值的工具，应始终被视为有价值的作品。设计招聘人员特别关注过程记录本，因为虽然素描技能和构造（construction）能力是有帮助的，但对于设计中的任何角色而言，创造力和试验绝对是至关重要的。

对面：狄梦洁（Mengjie Di）。

设计的三个阶段

一般来说，创意的发展分为三个阶段：研究调查、设计试验和设计优化。这些阶段中的每一个都为最终产品提供了价值和要求，因此应该被接受。

1. **研究调查**（research investigation）侧重于对研究资料的深入分析。这一阶段还不涉及服装的形状或细节的可视化，而是直接从研究中提取广泛的个人创意元素，如图案、纹理、线条、形状和颜色。这些单独的元素将应用于下一阶段。

2. **设计试验**（design experimentation）是服装开发的第一项尝试。这个阶段利用在前一个阶段中确定的各种独立的研究元素，并探索各种可能的应用。这一阶段应用了各种技术，如拼贴、草图、数字建模（digital draping），以及探索外观造型（form）的体积。这一阶段有时被称为“粗糙”设计阶段，因为所探索的理念还没有完全成形。

3. **设计优化**（design refinement）吸收了第二阶段的最佳创意，并将其转化为详细的可视化效果。这些将被用于编辑最终的服装系列，设计师和产品开发人员与制版师、裁缝师、样品缝纫师以及各种供应商沟通，以制作服装原型。

阿什莉·惠特克（Ashley Whitaker）的趣味拼贴试验，结合了收集的视觉效果、材料和绘制的元素。

尽管有些设计师可能会觉得预先计划过程记录本很有用，可以提前确定每个部分的重点，但另一些设计师可能会发现这种方法的限制过多。这三个阶段的记录可能会更有效地作为构思（ideation）和试验的有机记录，因为设计师可以在活页纸上自由开发构想，只有在创造性探索结束时才将其作品编入过程记录本。

除了上面概述的三个阶段的创意加工外，设计师还必须确保他们探索的所有各种元素最终形成服装。其中包括：

— 廓形 / 体积 / 形状
— 颜色
— 材料 / 制造
— 表面 / 图案 / 纹理
— 结构 / 细节 / 装饰
— 造型 / 情绪 / 创意背景

再一次强调，这些元素不应分割开来，而应该创造性地相互补充。例如，一个与面料（fabrication）有关的想法可能会为门襟的试验概念提供信息，而绲边材料的开发可能会引导设计师研究绲边纽扣环的功能和美学细节。同样，对裤裥（pleating）的探索可能会促使设计师重新考虑面料如何呈现体量感，这反过来可能会促使设计师重新调整对廓形（silhouette）的处理方法。设计师应该让这些创意火花绽放。

开始记录过程记录本之前要考虑的另一个重要因素是，并非所有的试验都会产生最终的结果。根据经验，只有大约10%的最初创意会转化为最终外观。这意味着，当设计一个包括 6 种外观的套装系列时，设计师应设想 60~100 种可能的服装，其中每一种服装都可能由多件服装组成。考虑到这一点，应该将所有进行的试验都记录在过程记录本中。过程记录本不仅能够展示艺术天赋，还能展示设计师在探索所有相关创作途径方面的毅力和承诺。

Sketching, Collage, and Digital Media

草图、拼贴和数字媒体

在研究调查、设计试验和设计优化的过程中可以使用几种工具。设计师采用的最传统的工具是时装草图。虽然这种在人体形态上将设计理念可视化的草图样式是一个必要的工具，但它不一定是开始开发的最佳工具。设计师从原始研究（raw research）直接跳到草图时，其作品往往过度受限于身体形状，只能以最直接的方式来诠释研究成果。

过程记录本试验的二维方法应该多样且有趣，以便最好地利用收集的研究成果。它们应包括手工和数字形式的观察分析、图像跟踪、拼贴以及草图。

观察分析（observational analysis）和图像跟踪（image tracing）

为了完全解码从原始研究中获得的所有可用元素，设计师通过观察性绘图和图像跟踪对灵感材料进行了深入分析。通过重新描绘研究的具体内容，设计师对其价值和创造性用途有了更深刻的认识。

例如，如果设计师受到装饰艺术风格建筑图像的启发，则对这些材料的分析可能涉及从研究中分离出线条图案，或者从收集的图像中识别出单个装饰元素。

两张来自 Fate Rising 的设计过程记录本，融合了手绘、拼贴、研究图像和手写笔记。

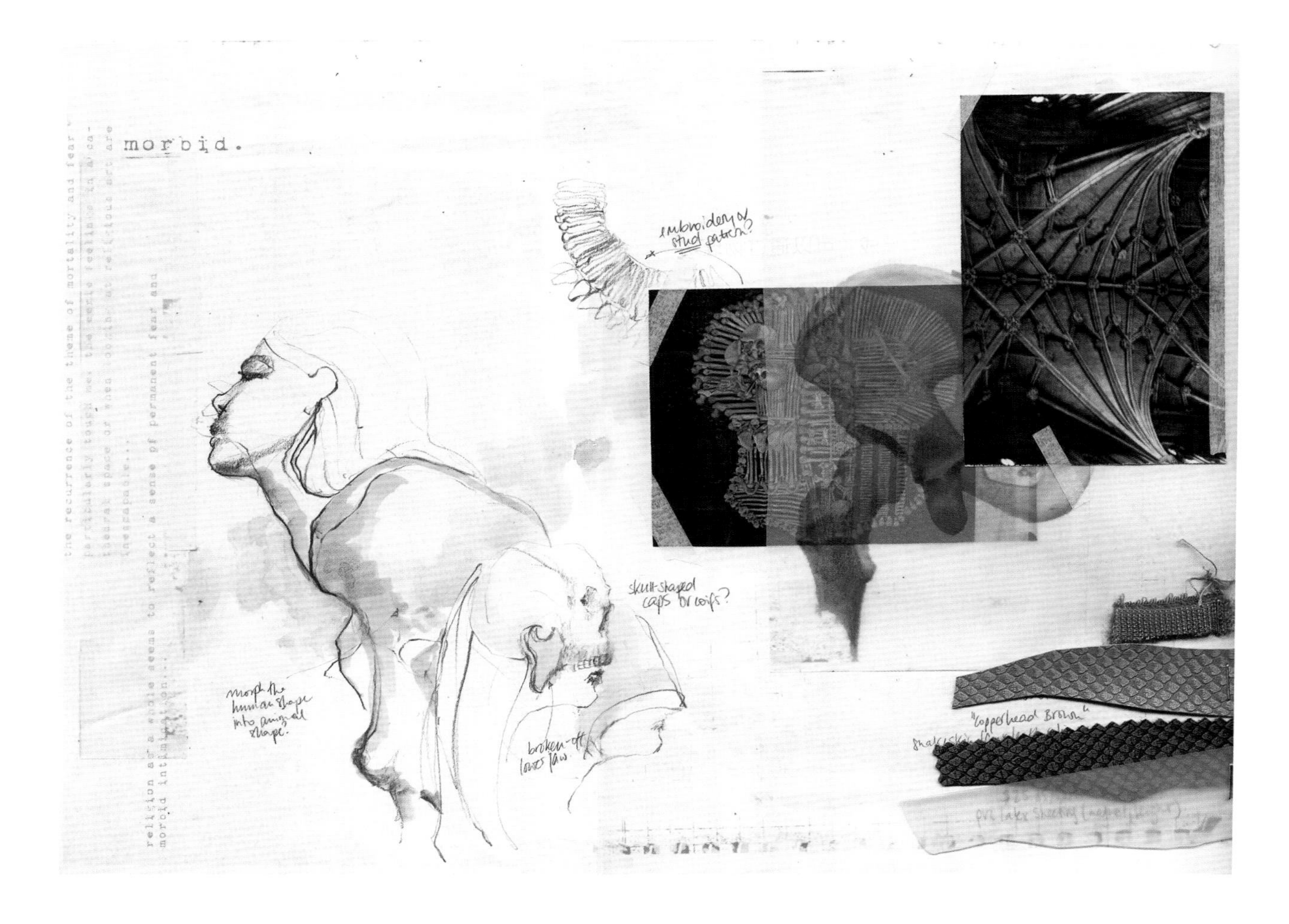

上图：菲奥雷拉 · 阿尔瓦拉多（Fiorella Alvarado）的过程记录本，结合了研究调查和设计试验，包括纺织品游戏。

下图：朱莉安娜 · 普罗普（Jousianne Propp）的创作过程，探讨了骨骼形状和哥特式建筑之间的视觉相似之处。

布鲁克·本森（Brooke Benson）的拼贴试验。

同样，在受海洋生物启发的设计项目中，分析研究可以采取特写图或数字形式画出特别有趣的形状或表面。

传统的绘画工具，包括使用石墨铅笔、针管笔、记号笔，以及诸如墨水、水彩和水粉颜料等湿介质都可以为研究提供有价值的见解。每个工具都可以揭示手边材料有趣和有价值的方面，因此设计师应在此过程中探索各种媒介和技术。同时，图形设计软件提供的数字工具，如 Adobe Photoshop 或 Illustrator，也不应该被忽视，因为它们可以开辟出传统方法所不具备的、有趣的探索途径。

拼贴（collage）

拼贴技术包括将各种单独的视觉研究片断组合成一种新的具有创造性的排列。拼贴可以手工完成，可以通过物理切割打印图像，可以从研究调查中提取元素，或者用数字化方法。每个图像组合的目的是提供一种可能的解释，说明不同的研究组成部分是如何相互作用的。能够记录大量的拼贴试验是必要的，如果要通过手工操作从这项技术中获得多种结果，一种方法是使用数码相机记录每个变化，而不是将物品粘在一起。

以数字方式探索拼贴，具有传统手工方式无法提供的特殊优势。数字工具可以轻松地复制、缩放和倾斜拼贴过程中使用的各个元素，这在不使用计算机的情况下很难做到，并且数字工具可以大大提高拼贴探索的多样性、复杂性和趣味性。拼贴也可以使用 3D 物体、能找到的物品、织物、丝带和纱线，并将它们与传统和数字媒体结合起来进行拼贴。拼贴艺术家的想象力有多丰富，可能性就有多大。

拼贴在两个方面特别有用：探索表面和尝试廓形。使用拼贴作为表面图案开发的工具可以相当自由地完成，但是将其用作服饰（apparel）或廓形的初始可视化手段需要包含让人联想到人体形态的元素。为了达到这个目的，通过收集人体部位（手臂和手，腿和脚，最重要的是头和脖子）的图像来补充视觉研究是有用的。所有这些都将成为了解拼贴试验与标准人体形状的参考点。当整理头部和脸部以用于拼贴时，设计师应该敏锐地注意化妆、发型和这些身体元素的整体造型（styling）如何影响拼贴的效果。在造型中保持一定程度的中立性可以确保焦点始终集中在拼贴探索的创造兴趣上，而不是被吸引到模特的面孔或鞋子上。

设计开发

初始拼贴画

艾米·爱德华兹（Amie Edwards）的拼贴设计试验。

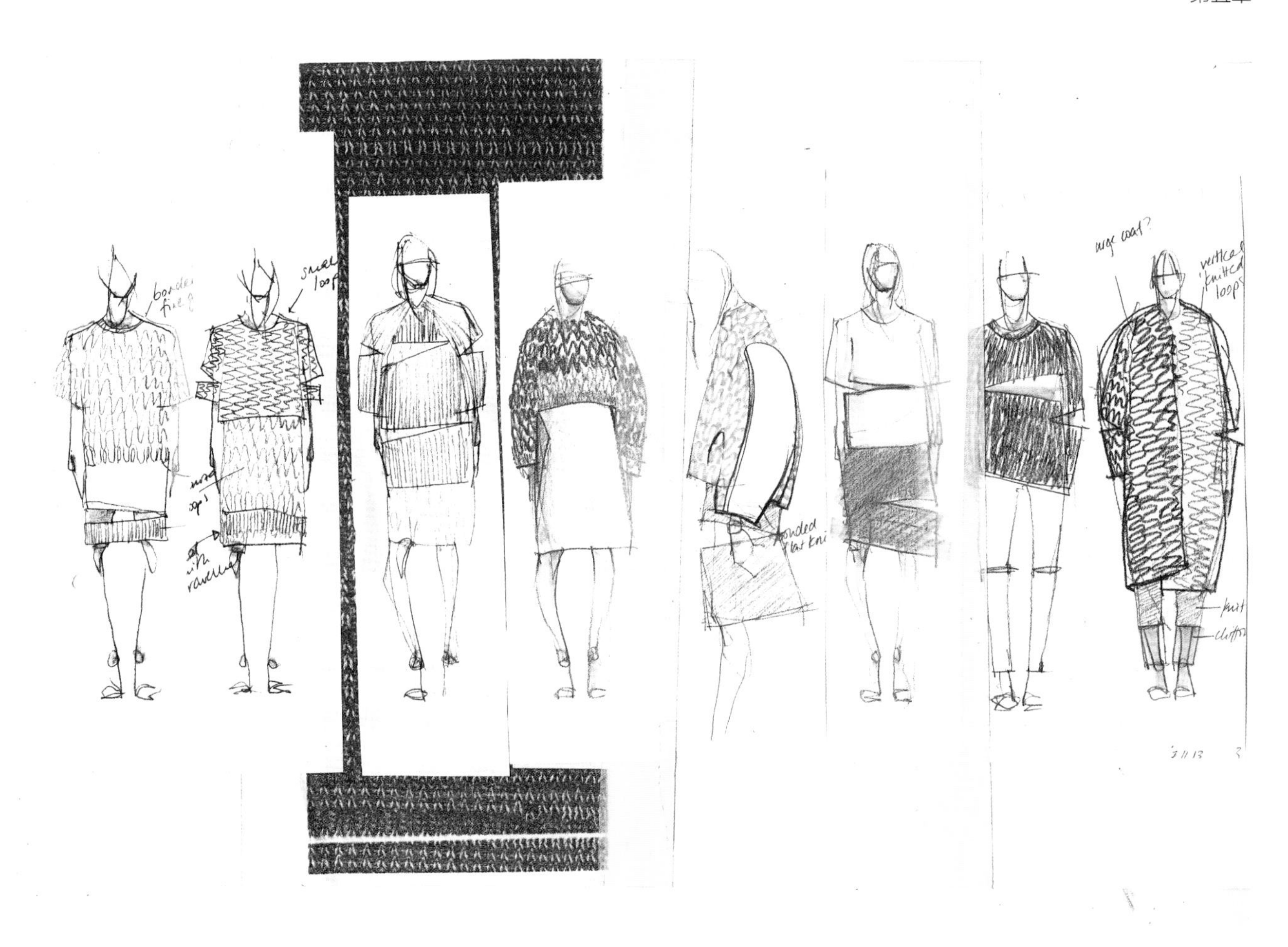

朱莉安娜·普罗普通过草图进行设计开发。

时装草图（fashion sketching）

一旦进行了充分研究并开始了初步设计试验，就到了在人体上将可能的设计进行可视化的阶段了。传统上，这是通过时装草图来完成的，这种方法提供了一种非常有效的方式来传达初始设计穿着时的外观。为避免混淆，将时装草图与时装画（fashion illustration）区分开是至关重要的。时装画是时装系列最终展示的重要组成部分，因此需要投入相当多的细心、专注和时间。而草图旨在快速展示创意可能性。大多数草图需要花费 2~5 分钟的时间，原因很简单，如果这些想法没有成为最终系列的一部分，在草图上花费大量时间是不值得的。在这种情况下，速度可以成为一个有价值的朋友，因为它允许设计师设想出各种各样的可能性，并在需要完善产品系列时拥有广泛的设计选项。为了保持一致性和可读性，大多数草图都是以中性站立或行走姿势绘制的，以便传达服装在时装秀场中上演的效果。

时装草图与美术素描的不同之处在于，它不遵循真实的身体比例，而是以一个拉长的、理想化的人形为基础，以头骨的高度为基本单位，正常人体的高度从头盖骨的顶部到脚的底部有 7~8 个头长。但是，时装草图中人体被拉长（主要是通过伸展四肢和颈部），至少 9 个头长。

高挑的草图造型给画作增添了优雅气息。在男性草图中，整个身体的长度分布比女性更均匀。大码和青年草图均遵循略有不同的比例规则，但仍基于理想化形式。一些设计师更喜欢绘制有艺术效果的草图，身体长度 12~14 个头长，这虽然可以给所制作的作品带来非常奢侈的感觉，但是当转向原型开发时，往往会影响设计的可读性。

下图：手势时装草图，狄梦洁（Mengjie Di）。
对面：通过使用不同的媒介和比例，时装草图可以变得非常具有实验性，就像伊利丝 · 布莱克肖（Elyse Blackshaw）的这些草图一样。

当然，个别设计师可以选择忽略使用 9 个头长草图的一般规则。但是，遵循时装传播的“标准规则”可能会对设计师的就业能力产生积极影响，因为这更有可能满足时装招聘者和知名时装公司的需求。

经验丰富的创意者可以自由绘制自己的草图并每次都能达到正确的比例，而新手设计师在受训开始时可以使用草图模板，来支持他们草图的比例一致性。（一套女装、男装、大码女装、孕妇装和童装请见第 201~204 页。）在草图模板上描画，需要将选定的模板放在一张白纸下面，然后在草图模板上画出服装或饰品。只需描画草图中裸露身体部位（手、脸、脖子，可能还有小腿）的模板线条。每一幅草图，即使是一张手势速写，都应该被赋予一种人性的感觉。手、鞋、头发和面部特征使草图具有人性，这有助于将服装设计与真实的消费者环境相结合。

E. Blackshaw

Exploring Silhouettes

探索廓形

对于任何线条来说，定义廓形方向都是最重要的，并且应该在设计过程中尽早完成。廓形是系列服装的整体形状和体积。虽然任何系列的服装都有一定程度的多样性，但为了叙述的一致性，总体廓形设计将呈现出一种连续性。因此，设计师根据其灵感、季节性需求、市场细分和消费者类型，定义哪些廓形将成为系列的一部分，哪些将被排除在外。

在进行廓形试验时，设计师应考虑体积的创造潜力，而不应被人体的物理形状过度限制，应对所有相关的创造可能性持开放态度。这可以通过多种工具来完成，包括拼贴、绘画、油画和数字媒体。廓形试验是通过关注衣服与身体的距离来确定衣服的整体体积的。使用草图模板作为起点可能会很有用。由于廓形的三维性质，从各种角度或使用 3D 建模软件进行探索也很有价值。

时装中常见的廓形：

- 方形
- 梯形
- A 字形
- V 字形或衬衫式连衣裙
- 气球形或茧形
- 圆柱形或女子紧身服装
- I 字形或管状
- 沙漏形或钟形
- 喇叭形或鱼尾
- 束腰外衣

令人意想不到的廓形表演是川久保玲作品的一个特点。

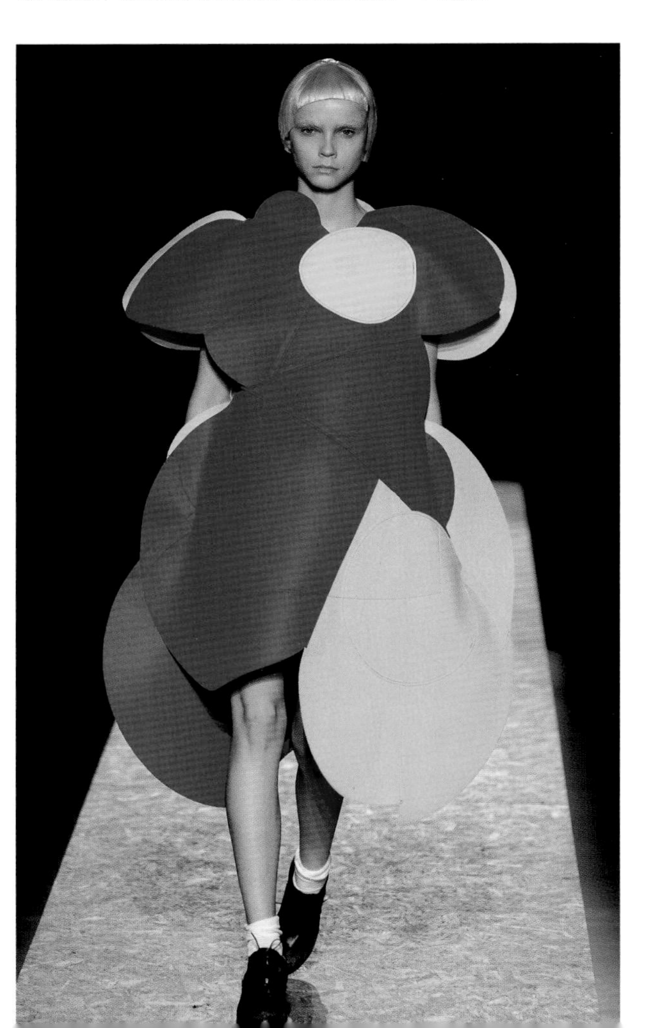

关键的时尚廓形。从左到右：衬衫式连衣裙、A 字形、沙漏形、梯形、茧形、圆柱形、I 字形、喇叭形、方形、束腰外衣。

特定的市场和创意方向会自然地引导出特定的廓形：美人鱼廓形更可能出现在晚装系列中，而不是街头服饰系列中。尽管季节性和市场期望可以告知设计师哪些廓形最适合某个系列，但创意决策最终取决于他们。

在确定廓形时，设计师还应该意识到一些常见的背景含义。某些形状和体积被认为是特定历史时期的重要特征：短袖和管状的服装容易让人联想起 20 世纪 20 年代；长的沙漏形让人联想到 20 世纪 50 年代和迪奥的作品；大而夸张的肩部让人联想起 20 世纪 80 年代的显贵穿着。有意地使用这些视觉联系可以加强一个系列的叙事主题（narrative theme）。如果设计师没有意识到特定廓形被解读的方式，就会导致叙事不协调，最终的产品可能会让目标客户感到困惑。

Draping on the Form

人体模型立体裁剪

对时装的创意试验应密切关注服装的三维特征。很少有比直接在人体模型上设计更好的解决方法了。通过积极结合人体形态来探索服装的可能性，可以获得有价值和意想不到的结果。进行人体模型试验的设计师可以使用几种不同的技术，包括法式立体裁剪、表面立体裁剪、服装试穿、几何纸样试验和解构。根据系列所遵循的创意方向，这些技术或多或少都是相关的。此外，设计师可以选择使用传统的全尺寸人体模型，也可以使用半尺寸人体模型，它们在保留所需比例精度的同时，可以减少烦琐的工作并减少面料的使用。

法式立体裁剪（moulage，来自法语，意为“造型”）是在人体模型上进行立体裁剪的最传统方法。这涉及将织物放置在人体模型（dress form）上以产生想要的服装形状。法式立体裁剪通常使用廉价的平纹细布（或印花布），材料应该能够反映出最终织物的预期特性。例如，一件厚大衣需要用比一件轻薄夏季衬衫更厚的平纹细布来进行立体裁剪。法式立体裁剪的目的是使服装的形状可视化，优化其体积和廓形，并探索布料的可塑性。法式立体裁剪的结果可以记录在过程记录本上，也可以转换为用于开发服装原型的纸样。

表面立体裁剪（surface draping）与法式立体裁剪有所不同。法式立体裁剪着重于服装造型的视觉化，而表面立体裁剪主要与表面趣味的开发有关。这意味着在确定基本的支撑衬衣形状之后，表面立体裁剪通常是下一步。表面立体裁剪是一种技术，用于直接在一件衣服的三维形状上实现复杂的打褶、复杂的缝制或特别复杂的褶裥效果。许多

达尼洛·阿塔尔迪（Danilo Attardi）的时装造型。

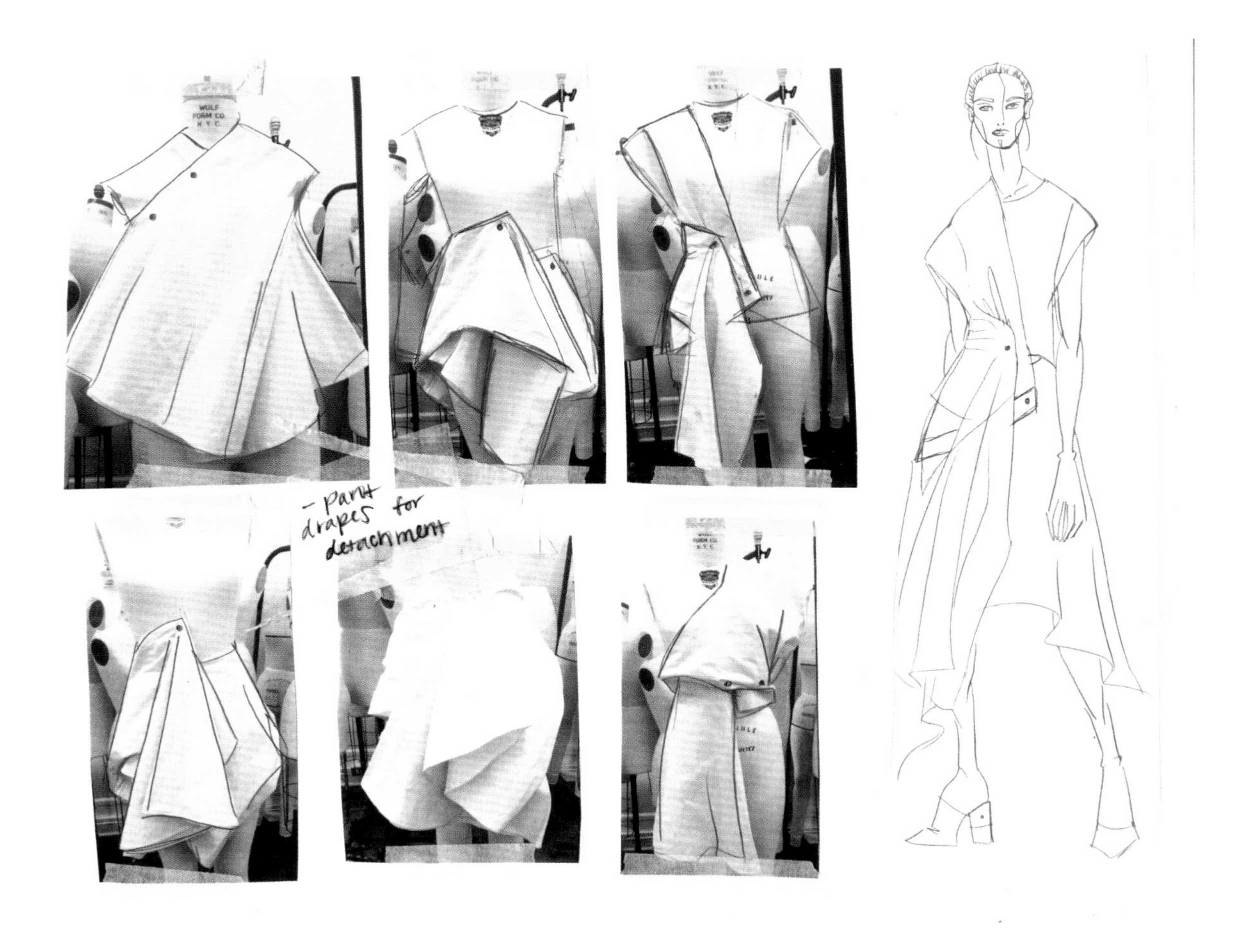

上图：在人体模型上进行立体裁剪，首先通过照片记录，然后画出草图，以增强可读性。本图选自阿曼达·亨曼（Amanda Henman）的过程记录本。

右图：如阿利安娜·阿瓦迪的实例所示，在结合照片、绘画和笔记时，记录立体裁剪的试验效果最好。

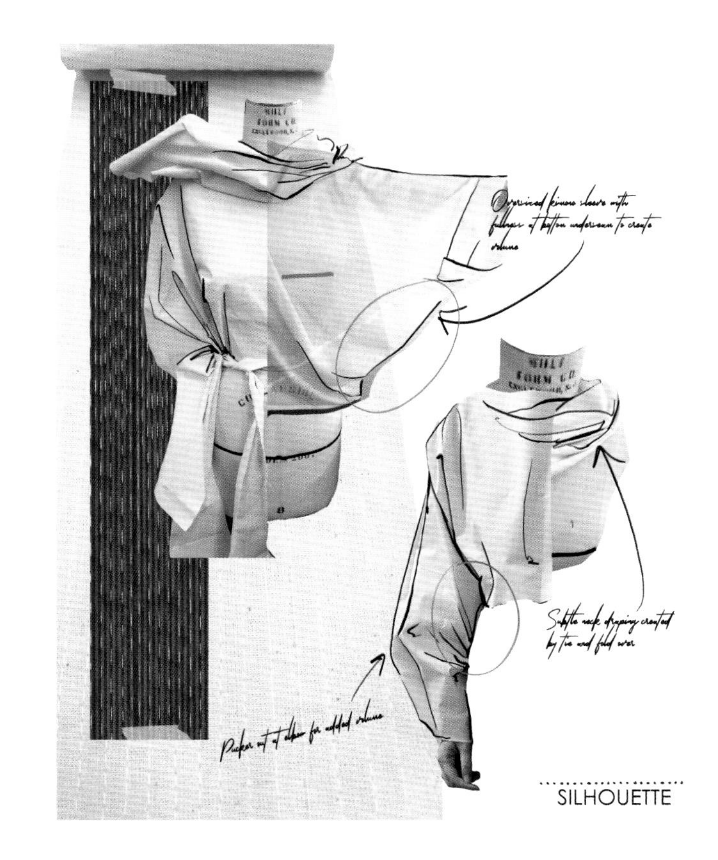

设计师，尤其是那些专注于晚装和高级时装的设计师，都大量使用表面立体裁剪来增加他们作品的趣味和手工艺比重。

服装试穿（garment fitting）是用于在人体模型上重新加工现有服装的术语。尤其是那些在市场中较为商业化的公司，他们的设计不太可能需要高度试验性的立体裁剪方法。以这项技术探索系列中的理念可能会非常有效，特别是对于拥有某些关键样式的可靠销售记录并建立了品牌识别（brand identity）的公司而言。这项技术的重点是通过仔细缝合缝和省来改善和调整以前系列服装或从古着店收集的服装的合身性，以达到更好的效果。一旦设计被选中用于生产，服装试穿的过程也将在整个原型开发阶段得到广泛应用，以实现预期的精确形状和合身性。

上图：埃里卡·卡瓦里尼（Erika Cavallini）使用 3D 拼贴形式进行解构和重建。

左图：维多利亚·里昂斯（Victoria Lyons）进行的几何纸样试验表明，抽象的形状可以转变为有趣的体积和比例。

几何纸样试验（geometric pattern experimentation）是一种在人体模型上进行立体裁剪的更具试验性的技术，并且专注于突破三维作品的创造性边界。这种技术需要绘制几何形状的图案，如复杂的多边形、螺旋形和曲线，然后把它们从纸或平纹细布上剪下，再将这些碎片铺在人体模型上，以评估这些形状如何组合在一起以形成服装。这种技术可以产生极富想象力的结果，而这是无法通过传统草图来想象的。在零废料服装设计中也采用了类似的方法，其目标是 100% 地使用服装裁剪的面料长度。

解构（deconstruction）是另一种先进的、在人体模型上进行立体裁剪的试验方法，其本质上是拼贴的 3D 版本。这种技术需要将古着店或旧货店的服装拆解，或者使用以前系列中未售出的衣服，并以新的三维排列方式将它们重新组装在人体模型上。对于那些对时装环境感兴趣并希望开发新方法来升级服装的设计师来说，这可能是一种非常有效的技术。解构在马丁·马吉拉（Martin Margiela）等先锋设计师的作品中得到了广泛的应用，这不仅是一种环境声明，而且是一种质疑时装设计过程本身概念边界的工具。

摄像机的放置有效地记录了立体裁剪试验

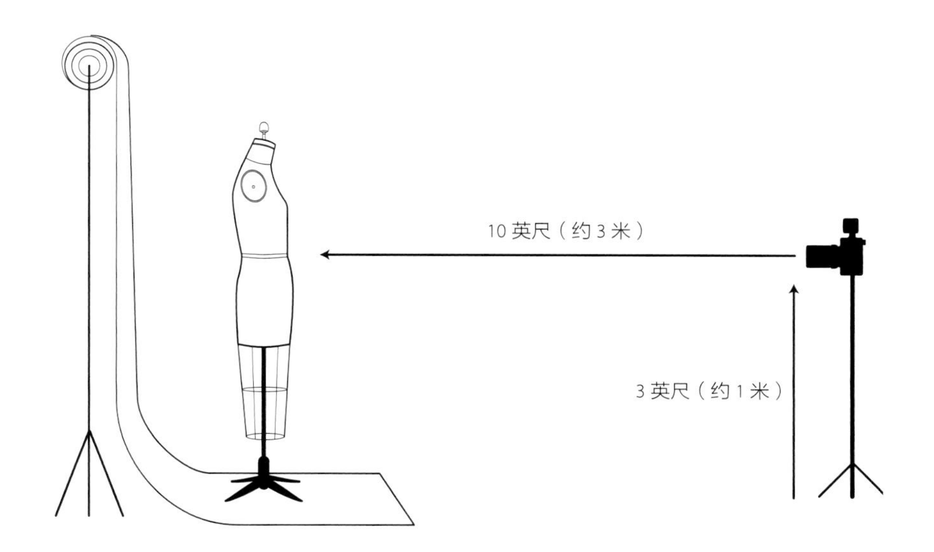

记录立体裁剪试验

无论采用哪种立体裁剪技术，都需要对制作的作品进行适当的记录，并作为过程记录本的一部分进行展示。再一次强调，探索的广度是重要的，设计师应该扩大自己的创作范围，要知道并不是所有在人体模型上探索的想法都会形成最终的服装。在记录根据人体模型开发的作品时，设计师应确保所拍摄的照片具有充分的参考价值。这里有一些关键指标。

— 照片的背景颜色应与布料的颜色形成鲜明对比。如果拍摄浅色织物，则应在深色背景下拍照，反之亦然。在工作室的某个角落专门为这个目的设置背景会有很大的帮助。
— 摄影应在充足的光线下进行，以便正确传达作品的各个方面。散射的自然光最好。避免使用聚光灯或“气氛照明”，因为它们会夸大阴影并使收集的图像更加难以理解。
— 避免透视变形。如果从太近的距离拍摄，所得到的图像可能会使衣服的某些部分看起来不成比例，并且无法传达立体裁剪试验的整体外观。从至少 10 英尺（约 3 米）远的地方拍摄照片，必要时使用变焦功能，并将相机放置在距离地面约 3 英尺（约 1 米）的地方（请参阅上图）。
— 鉴于立体裁剪试验的三维性质，必须从各个角度拍摄。人体模型应每 45 度旋转一次并在视觉上进行记录。这将为每个试验提供 8 个视图，这对于进一步完善最终的服装选择非常有用。

除了摄影文档外，过程记录本可能还需要最有效的立体裁剪试验图纸。这些可以从在照片上描线开始，然后以草图呈现。绘图可以阐明某些设计元素，这些元素可能无法通过摄影有效地传达出来，因此应该利用绘图。

尽管最初的立体裁剪试验主要集中在对设计思想的创造性探索上，但通常使用更精致的立体裁剪来开发一组工作模式。准确记录这样的工作至关重要，因为这将使原始的创意得以进入原型设计和生产阶段。为了实现这一目的，需要有完整的影像记录，还要求设计师在人体模型上进行立体裁剪时对织物进行标记。一旦标记了每个缝、省、褶皱和折痕，就可以将其从人体模型上取下并回归 2D 格式，然后将其转移到图纸中以供将来采样和改进。

Digital Draping

数字建模

许多设计方法已经模糊了传统草图和基于过程记录本的试验的界限。数字建模是数字技术与三维设计的交汇点，它将计算机软件的能力有效地融入三维设计探索之中。

左图：丹尼尔·韦德拉戈（Daniel Vedelago）的原始印花设计。
右图：丹尼斯·安托万（Denis Antoine）的数字建模变化。

数字建模的简单形式包括将图像、照片或创意试验直接投射到人体模型或平纹细布服装上。这可用于探索正在开发中的外观的视觉比例，本质上是一种与真人一样大小的拼贴方法。每次迭代都可以拍照，以备将来参考。

格柏（gerber）技术套件提供了多种工具，专门针对服装形状的可视化设计，而不需要裁剪织物。数字建模基于定

制的人体模型，以适合品牌客户的尺寸，并且可以表现几乎任何织物的流动性、运动感和光泽度。

谷歌的 Tilt Brush 等技术已提供了更高级的数字建模方法，这些技术使设计师能够在 3D 虚拟现实环境中进行数字绘画。

用 3D 建模软件进行数字创作，霍尔德（Hold）。

Detail-focused Design

细节化设计

有效设计开发的关键要素之一是对细节的关注。市场上大量成功的服装和样式获得了较高的声誉，这不是因为它们的形状过于夸张或它们的材料过于复杂，而是由于其构造细节的价值和精细处理。

一些品牌将其大部分设计开发都集中在细节上，因为这可以使他们在保持强烈一致的品牌形象的同时，为每个季节性系列带来轻微的创新。这些品牌包括汤米·希尔费格、香蕉共和国和道格斯（Dockers），他们通常采用一种被称为模块化设计（modular design）的创新方法，每一季都从预先建立的细节库中选择口袋、袖口、衣领和装饰（trim）等。

无论是将细节用作模块化设计方法的一部分，还是将强大的细节整合到更具实验性的系列中，设计师都必须学会精确而有效地可视化和传达构造元素。这里有两种主要方法：实物模型和技术绘图。

实物模型（mock-up）或样本原型是在设计过程中探索细节的非常有效的方法。模拟口袋、门襟、衣领等提供了一种非常有效的方式来可视化特定的技术变化，并评估其是否可以在产品系列中使用。实物模型应分阶段开发，首先要用平纹细布或另一种廉价面料制作，其性能与最终材料类似。只有在平纹细布中完全解决了技术样本问题之后，才能进行最终的织物模型制作，这需要非常精确，如所用缝纫线的型号或精确的针迹长度。虽然某些模型可以直接在过程记录本中呈现，但它们的物理尺寸通常需要拍照记录，从这个过程中获得的信息可以作为创造性探索的一个组成部分。原始实物模型对于在人体模型上进行拼贴探索、试验放置、缩放，以及把握细节使用的整体密度都非常有价值。

注重细节的造型，渡边淳弥（Junya Watanabe）男装，2018 年春季。

技术绘图（technical drawing）是展现细节的另一种选择。这可以为创造性和定性评估提供有用的可视化细节。制作细节的技术绘图要求深入的分析清晰度和精确度。它们应被视为传达现实的一种手段，因此应提供关于比例、细节和功能元素的完整信息。虽然可以用铅笔有效地绘制初始草图，但使用针管笔或 Adobe Illustrator 绘制线条的技术绘图往往在传达最终服装细节方面效果更好。技术绘图也构成了设计款式图（flat drawing）的基础，这将在第六章中进一步讨论。

艾托尔·图鲁普（Aitor Throup）为 C.P. 公司制作的技术绘图，用以展示各种功能细节。

Sampling Your Ideas

创意采样

时装设计过程从根本上讲是一种多感官的体验过程，因为时装产品从其本质上讲就是要通过各种感官与消费者建立联系。因此，设计师和产品开发人员应在创作过程中接受这一概念，而不是局限于草图。在整个创作过程中，任何将想法带入实物样本的机会都应该被抓住。这将在很大程度上帮助表达所探索的美学价值，并使设计师可以更好地对成品线的可行性进行定性评估。

除包括 2D 研究探索外，过程记录本还应包括拼贴画和素描、织物的实际样品、表面实验、细节构造以及在服装形式上开发的 3D 试验的文档。2D 构想和 3D 可视化的结合将为有效、多样化和多感官的创作过程奠定最坚实的基础。

在过程记录本中包含大量物理样本可能会带来一些挑战。例如，某些样本可能太大或太庞大而无法以过程记录本格式有效显示。在这种情况下，将这些样本放在盒子中是一个合适的解决方案。然而，在过程记录本中放入这些抽样创意的照片也很重要，这样有助于人们理解它们所呈现的，因为它们与创意发展的其余部分相关。标记每个样本，表明在开发过程中采用了哪些技术，以及提供草图或设计款式图以提示它们可能与哪些潜在设计结果相关，这也是很有用的。

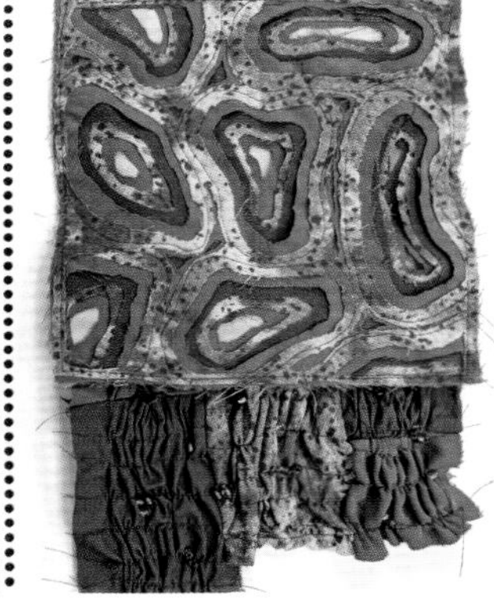

如本示例中的阿曼达·亨曼一样，应始终对具体的设计细节和饰面进行采样，以便做出最明智和有效的决策。

Visualizing Your Collection

系列作品集的可视化

一旦从研究中探索出所有可能的创意，就该进入设计优化和系列作品集编辑阶段了。

来自拼贴、立体裁剪、材料探索等的各种设计探索都应转换为时装草图，让它们在视觉上保持一致。单独的创意试验可能会导致草图多次迭代。例如，一个特定的表面处理可以通过多种方式运用在一件衣服上，或者对各种不同的廓形和衣服进行表面处理。每个单独的迭代都应该呈现为草图形式。在这一阶段，设计师应该积极探索服装的多样化，因为在这一阶段产生的服装类型的多样性将极大地推动服装的发展。

造型（styling）

一旦你所有的想法都以草图形式呈现，设计一个系列就会变得容易得多。在这种情况下，造型指的是以特定的组合来形成各种各样的服装，这些服装将一起被视为一种全面且经过深思熟虑的作品主体。许多设计师都是自己开发设计服装的，而不是按照预先确定的服装造型来设计，这样他们就可以在设计过程中发挥更多的创意和最强的创造性。随后，对系列的编辑是指在这些服装组合中选择会产生最有价值的最终结果的那一个。

下图：造型就是将单独服装创意组合成完整的服装，再将服装组合成系列。这个由朱莉安娜·普罗普设计的六个套装系列精心组合了各种纺织品、颜色、纹理和服装类型，以营造出迷人的效果。

对面：可视化一个系列中所有可能的着装选择。丹尼斯·安托万的作品。

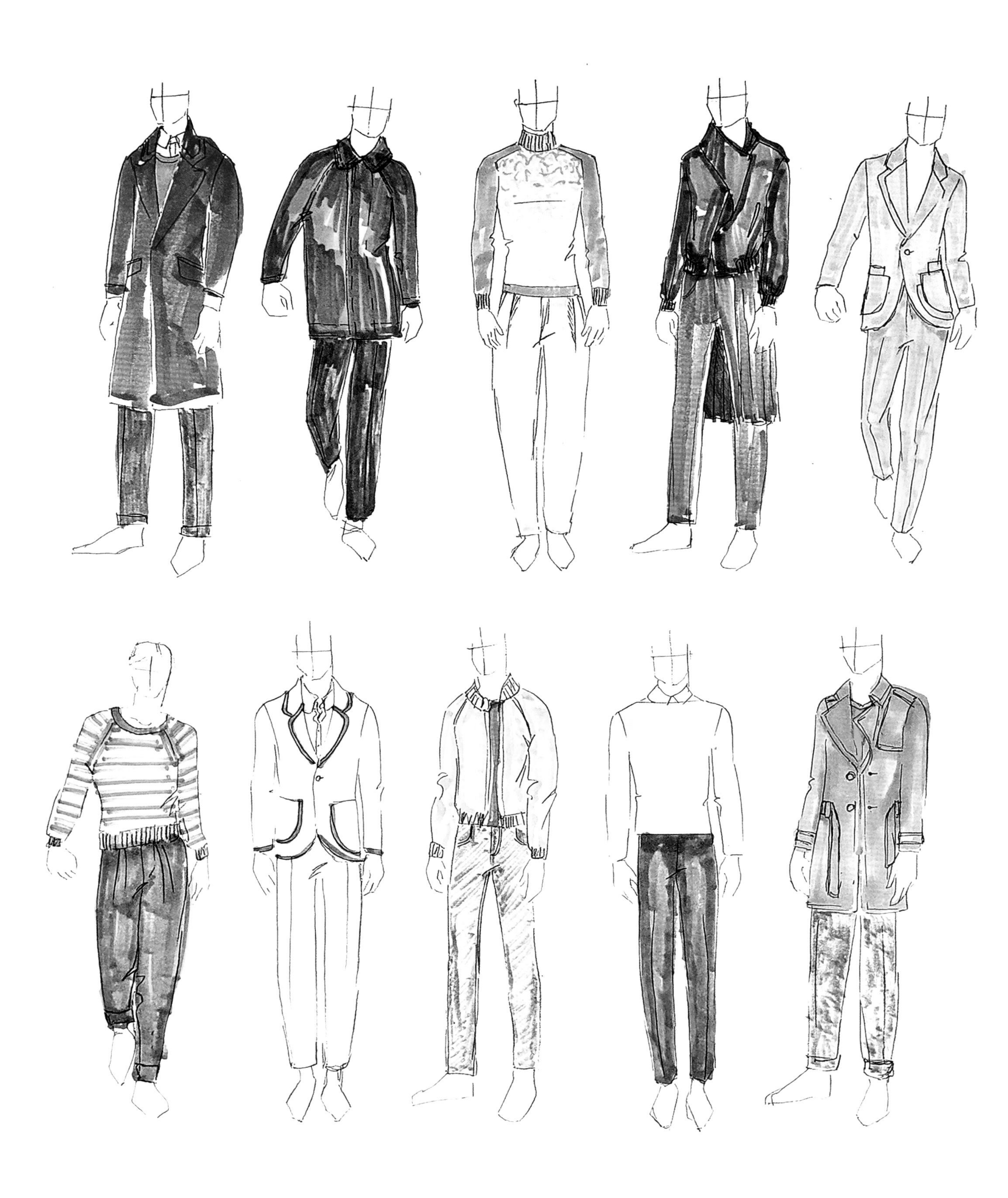

上图：玛丽娜·梅利克采托娃 / 梅莉克街（Marina Meliksetova / Mélique Street）精心编辑的套装系列，充分利用了体积和色彩。
对面：伊娃·鲍耶（Eva Boryer）的草图。

进行系列设计的第一步是对各种全套服装进行可视化处理，并将设计过程开发出的所有单独设计思想汇总在一起。认真关注目标客户的需求对于此任务的成功至关重要。根据特定目标客户的要求，设计师需求不同程度地关注诸如衣服是否保暖、是否满足功能性穿戴的基本要求等问题，此时回到研究和创意开发开始时整理的客户资料（customer profile）可能非常有帮助。

造型时，设计师应明确定义正在开发的服装将达到什么目的，这些服装是为了定向展示还是商业化外观。事实上，那些以设计创新者（design innovators）身份在时装秀上展示自己的设计师通常会开发更多以商业为基础的单独产品线——通常被称为副线品牌（diffusion lines），以确保业务所需的必要现金流。

编辑（editing）

一旦将各种完整的服装都绘成草图，就可以编辑该系列了。通过将服装草图并排放置，就可以创建各种组合，这是非常容易做到的。在这里，数字化草图或在活页纸上绘制草图的优势变得显而易见。绘制单独的造型便于设计师移动它们，并根据自己的需要删除或添加造型。设计师也将面临艰难的抉择：某些造型可能会使设计师感到非常兴奋，但它们可能无法与其余造型一起使用，因此应予以淘汰。设计师可能会发现系列中的问题，如需要更多的单品（separates）或整体创意不足，这将需要设计师返回到创作探索阶段进行进一步的试验。

系列编辑时设计师还面临确定颜色和材料的挑战。虽然最初的草图可能为了专注于设计的形状和结构而不使用颜色，但编辑时要求设计师确定如何在整个系列中使用颜色和材料。考虑多种可用选项时，以各种可能的颜色组合重新绘制单独服装的草图可能会有很大的帮助。

设计师通常会可视化各种可能的产品组合，记录每个产品以便将它们进行并排比较，最终评估出最能呈现创造性的解决方案。系列编辑的最终结果是彩色的草图组合（lineup），其中包括所有必要的设计信息，以便作品可以有效地进行设计展示和沟通。

Designer Profile: Cucculelli Shaheen

设计师简介：库库莱利 · 沙欣

安东尼 · 库库莱利（Anthony Cucculelli）和安娜 · 罗斯 · 沙欣（Anna Rose Shaheen）是库库莱利 · 沙欣的创始人和联合创意总监。

什么促使您想成为设计师?

安娜：我从小就开始画画，妈妈教我如何缝制。我经常会购买复古的服装并自行修改。

安东尼：在高中的时候，我会修改我自己的衣服。我先去了艺术学校，然后去了时装学校。

我们觉得市场上缺乏经过深思熟虑、精心制作的服装，这些服装在生产过程中看起来应该和在 T 台上展示时一样漂亮。即使是我们为之工作的奢侈品牌也一直在寻找降低成本并生产更多商业化产品的方法——这也许是重要的——但我们却错过了这一过程中的浪漫和艺术性。通过精简生产环节，我们能够在密切关注手工技巧的同时快速行动，并且还可以重新设计服装，以最贴合客户的方式匹配客户的比例。此外，因为每一种面料都是按照订货单染色的，所以我们不会积压大量的面料库存，那样既浪费又昂贵。

样品分级技术使我们可以简化供应链（supply chain）。从一开始，我们就能获得几乎完美的样品，而无须多次试穿。我们调整样品，然后直接进行最终样品处理，请客户试穿——这是时装产业大规模工业化之前服装的制作方式。我们还从一开始就仔细评估和调整每位客户的样品从而跳过中间的试穿过程。我们把通常需要 6~9 个月的工期缩短到 4 周内完成。

您如何形容您的品牌?

我们喜欢与现代生产工艺相区别的非常经典的刺绣方法。我们可以为每位客户设计最好看的刺绣。每个系列都是在传统时装日程之外设计的，一旦推出，就可以向客户和零售商开放订单。

您为什么选择利基市场？
它给您提供了什么机会？

我们喜欢刺绣、细节和图案。通过定制和按订单生产，我们可以在不影响工艺的前提下，将所有这些元素高度融合。当我们开始在纸样上放置元素时，我们设计过程的一部分就发生了——图案和颜色通常会指引我们放置的位置。

您选择的客户和市场是如何影响您的设计方法的？

我们的许多客户都是新娘，她们经常要为一个星期的活动——彩排晚宴、婚礼或者是可以整夜跳舞的活动而准备服装。我们还做很多红毯、盛典、重要场合的着装——女人们既要看起来美丽、时尚，又要有趣和有庆祝意义。在设计时，我们始终牢记最终用途——她可以走动嘛？可以走红毯吗？可以摆姿势拍照吗？适合她的皮肤吗？我们努力让客户穿着礼服，而不是将礼服穿在客户身上。

我们的很多灵感都来自旅行，我们喜欢在每个系列中发挥我们的作用。每条裙子都有自己的迷你情绪板，用于进行布局和选色。与此同时，我们还在为样板设计绘制线条图。我们的工作方式与成衣设计师略有不同，因为样板确实决定了裙子的最终形状。

我们不断完善我们的色彩和廓形故事。我们总会在最后一刻推出一两款新品，为整个系列画上句号。由于系列很小，因此我们也需要保持廓形的平衡，我们尽量不过多地重复形状、颜色、面料和图案。

您在发展业务时遇到的主要挑战是什么？

首先，要吸引客户是一项挑战。我们的衣服价格昂贵，通常用于大型活动——客户希望我们能够按时交付精美的服装，而且它们看起来是极好的。因此，客户可能不愿尝试新的品牌，现在大约 30%的客户是回头客。

您如何看待您所在产业的未来？

我们认为它正在增长。现在越来越多的奢侈品牌试图与街头品牌竞争，而我们正朝着相反的方向发展。随着全球化发展，奢侈品消费者越来越容易找到他们想要的东西。我们是一个总部设在纽约的品牌，但我们的客户来自世界各地——我们在中东、东南亚、欧洲和南美的业务不断增长。

6. Presenting a collection

第六章 系列展示

学习目标

- 探索设计展示的方法
- 了解系列规划的功能和结构
- 确定时装画在系列的视觉传达中的作用
- 评估绘制精美时装画的关键技术因素
- 探索系列展示中款式图和工艺图的技术方法及其应用
- 了解编辑范围板的实际步骤
- 熟悉成功的工艺文件包的功能和结构

Presenting Your Designs

展示你的设计

为了使一个系列取得成功，作品必须与目标受众建立创造性联系。设计师必须通过设计展示来传达他们的想法，以吸引设计经理、买家和编辑，他们是新产品线的主要受众。有效的设计交流必须展现该系列的创意价值，并传达所有必要的结构（construction）信息，以便将草图组合（croquis lineup）系列转换为成衣。这意味着设计师肩负着在艺术和技术上表达自己作品的双重任务。因此，设计展示需要包含完成这两个任务的元素。

在完成生产线展示之前，设计师通常使用一种被称为“系列规划”的有用工具。它可以将整个系列组织成一个易于管理的结构，该结构可用于指导展示和实现所有后续步骤。

为了有效地展示作品，设计师应习惯性地使用时装画（fashion illustration）和工艺图（technical drawing），这将是本章的主题。设计师在与外部制版商和服装厂进行沟通时，还开发了一套针对生产的信息集，称为“规格（工艺）文件包”[spec（tech）pack，这是 specification 和 technical 的缩写]。

设计展示可以成就或破坏一个系列，所以对任何设计师来说都是非常重要的。

朱莉安娜·普罗普设计的展示板，结合了渲染的草图、手绘平底鞋和织物样品。

对面：加布里埃尔·维耶纳的抽象水彩画。

The Collection Plan

系列规划

通过前面几章中讨论的设计构想和艺术实验步骤进行的创新过程，生成了彩色草图组合，这成为制定完整系列规划的起点。

所有被列入系列中的服装都应该进行标识和分类。它们包括：

— 机织上衣
— 机织下装
— 连衣裙
— 切缝针织品
— 成型针织品
— 裁缝
— 牛仔
— 皮革
— 外套

将服装系列分类的原因是，制造商（manufacturers）在生产零售（retail）服装时，通常会签约多个工厂，每个工厂专门从事范围非常窄的服装工艺。例如，专门生产切缝针织品的工厂不大可能具有专业的裁缝水平。因此，设计师或制造商必须根据每一组服装所需的专门生产步骤分别跟踪。

需要注意的另一个因素是，任何系列的成功都取决于买家是否会下订单。虽然将系列中所有风格的服装都展示出来有助于传达设计师的创意观点，但买家不太可能购买全套服装，而是更喜欢将服装作为单个作品进行评估。因此，将系列服装按类别（category）加以展示，可以使买家更轻松地订购他们认为最能满足自身需求的服装。

系列规划以大型图表的形式列出每个类别和其中的每个服装，并给其中每个物品指定了特定的名称或款式编码（style code）（请参见对面表）。然后，这些代码将跟随服装的原型设计、生产和销售的所有阶段。作为系列规划的一部分，服装也通过款式图（flat）或工艺图（spec drawing）进行视觉传达。这两个术语的含义略有不同。术语“款式”是指在设计集合和系列规划中，服装按比例精确绘制的线条图，而术语“工艺”是指在工艺文件包中用于与生产设施通信的技术图。这些绘图的技术要求将在本章的后面进行讨论（请参见第 153 页）。系列规划通常还包括与每种款式的尺寸范围有关的信息，以及可用于其中的各种材料。

对于更具商业头脑的公司来说，系列规划可以在创作过程的一开始就进行。在这种情况下，系列规划成为设计师在整个创意开发过程中使用的工具，以免浪费精力或资源。这尤其适用于在某些关键类别上拥有良好销售记录的品牌。例如，The Row 一贯采用包括许多针织品在内的系列规划结构，因为该类别是其最畅销的产品类别，随季节随意改变产品类别会适得其反。

尽管设计创新者（design innovator）倾向于将精力和创造力集中在独特而令人激动的服饰（apparel）项目的创意

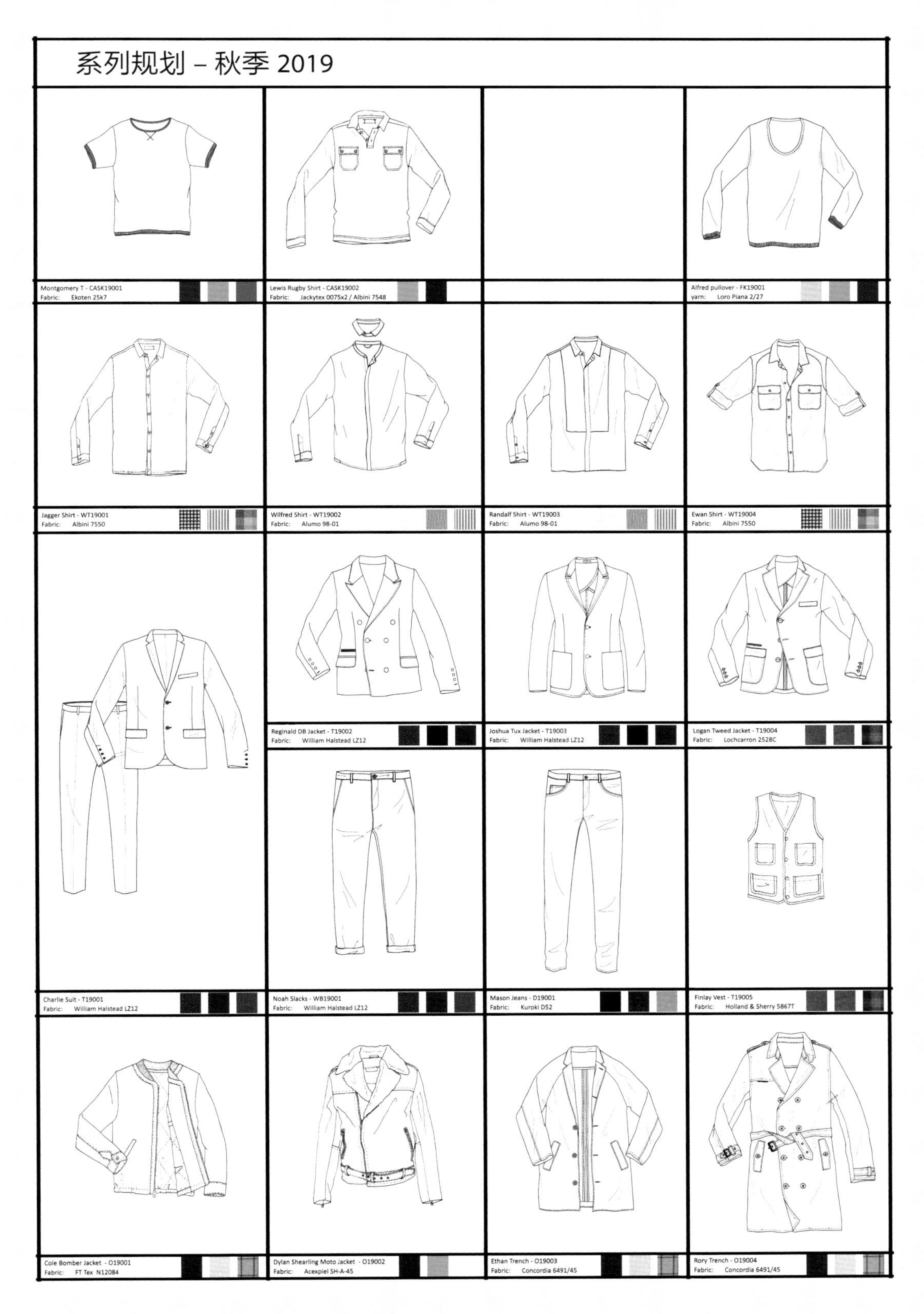

一份系列规划，展示每一件服装的风格和所有相关的面料选择。

维果罗夫高级定制时装秀（右图）上展示的作品，为其品牌商品（上图）的开发提供了参考。

上，但他们也应该认可系列规划的价值，因为这可以极大地帮助他们确定可能进一步扩展产品线的领域，以获得商业成功。这个过程通常被称为商品销售（merchandising）。销售员的作用是评估产品线的商业可行性，并开发产品类别和零售策略，以提高品牌的成功率。因此，一个定向创意的系列库可能会产生更多的项目，而这些项目并不总是由设计团队直接构思，但仍然会向更广泛的受众传达品牌的创意特征。

同一个品牌内的高级定制时装（haute couture）系列、设计师成衣（ready-to-wear，RTW）系列和副线品牌（diffusion lines）产品系列（配件、眼镜、化妆品等）之间的相互关系就是一个有效的例子。创意方向主要体现在品牌的高端产品上，通过高级定制时装和成衣秀中首席设计团队的作品，然后由销售团队转化为更广泛的具有商业价值的产品。该方法可以应用于单个系列内，也可以跨多个系列。在第一种情况下，通过展示品（showpiece）树立该系列的创意愿景，展示品旨在吸引媒体和观众的注意力，并讲述该系列背后的故事。这一理念将指导商品销售团队开发包括在该系列中的更多商业产品，如针织品或日常衣服。在设计品牌拥有多个产品线的情况下，价格最高的产品线通常是创意故事最复杂的产品线，然后其信息被商家用来开发副线品牌系列。

系列规划虽然主要是供设计、销售和生产团队使用的内部工具，但它也构成了一个重要的系列展示工具——范围板（range board）——的基础（见第 158 页）。

Illustrations

时装画

呈现原始设计的系列，要求具有以创造性艺术和引人入胜的方式进行交流的能力。尽管设计师通常会从素描组合和系列规划中直接制作原型服装，但开发定制服装的设计师和学生通常必须首先向客户或评审小组展示他们的想法，以便获得下一阶段的批准。这样做可能是具有挑战性的，并要求仔细和有效地使用一系列技术，这个方法通常被称为时装画（fashion illustration）。

术语“时装画”不应与“草图”混淆。这两种时装可视化方式的核心区别在于它们的功能和目的。正如第五章中讨论的，草图的目的是传达设计思想，在某种程度上增强服装在人体上的呈现效果。时装画的意义远不止于此，它更多地侧重于创意性的故事叙述和社论（editorial）叙事，而较少关注服装实际外观的细节。这种区别可能很难被大众理解，因为在较为商业化市场上工作的设计师通常将全身草图称为“时装画”，而一些插画家将快速手势图称为“素描”。

作品集（portfolio）中的组合和设计演示板经常充分利用渲染的草图，设计师在颜色、阴影和纹理上花费了更多的时间和精力，而标准的草图只需要几分钟就能画出。这些渲染的草图传达了服装的视觉冲击、合身性和重要性，因此在功能上等同于商业时装摄影，正如大多数在线零售平台上展示的那样，为了清晰起见，它们以中性的方式展示产品。

一组渲染的草图，刘思婷（Siting Liu）。

社论时装画，加布里埃尔·维耶纳。

社论时装画，约翰逊·海登（Johnathan Hayden）。

时装画格式（illustrative format）和构图（composition）

社论时装画的目的与渲染草图的截然不同。时装画的重点通常是由品牌和系列的叙事来驱动的，设计师展示一个系列，但手头没有实际的原型服装。因此，设计师往往用社论时装画代替社论摄影。展示产品仍然很重要，无论是通过时装画还是摄影，社论传播都采用了更具创造性的途径，并在此过程中获得了具有吸引力的艺术效果。要说明一个系列，既需要了解品牌定位（brand identity）和当季的创意理念，也需要采用最适合传达这些信息的媒体和艺术流程。时装画的格式、组成、抽象手段或媒介均不受限制，因此应仔细评估和实施所有这些元素。

选择格式和构图对于制作有效的时装画至关重要。以纵向还是横向页面方向（page orientation）展示一系列时装画会直接影响它们在成品系列或作品集系列中的可用性。同样，选择用于这些时装画的页面整体大小可能会影响后续的媒体使用。如果页面上的时装画过小，则会降低设计师的细节介绍能力，而很大的页面可能会令人望而生畏，也不适用于针管笔、记号笔或铅笔之类的介质。在通过时装画展示作品的过程中，设计师必须像画家、摄影师和其他优秀艺术家一样，考虑格式和构图。

在开始绘制之前确定时装画的构图是非常有益的准备步骤。作品的构图应基于其如何与最终时装画相互联系并增强其创意性叙事，无论是单独的还是一系列的（如果在一个项目中正在开发多个时装画）。一种有用的方法是，根据作品最终的展示方式，将所有计划中的时装画制作成一个缩略故事板，并排或垂直展示。以这种方式，构图元素可以体现在开发中的所有时装画中，既可以单独体现，也可以作为一个系列来体现。构图通常分为两种类型：动态构图和几何形式构图。每种方法都有潜在的优点和缺点。

动态构图（dynamic composition）包含不规则放置的元素、不对称、对角线或曲线，以及多种比例的物品。这产生了生动、有趣的作品，这些作品最适合展示与情感故事和灵感相关的系列。动态构图可以很好地服务源自诗歌、舞蹈或青年文化的时装画作品集。

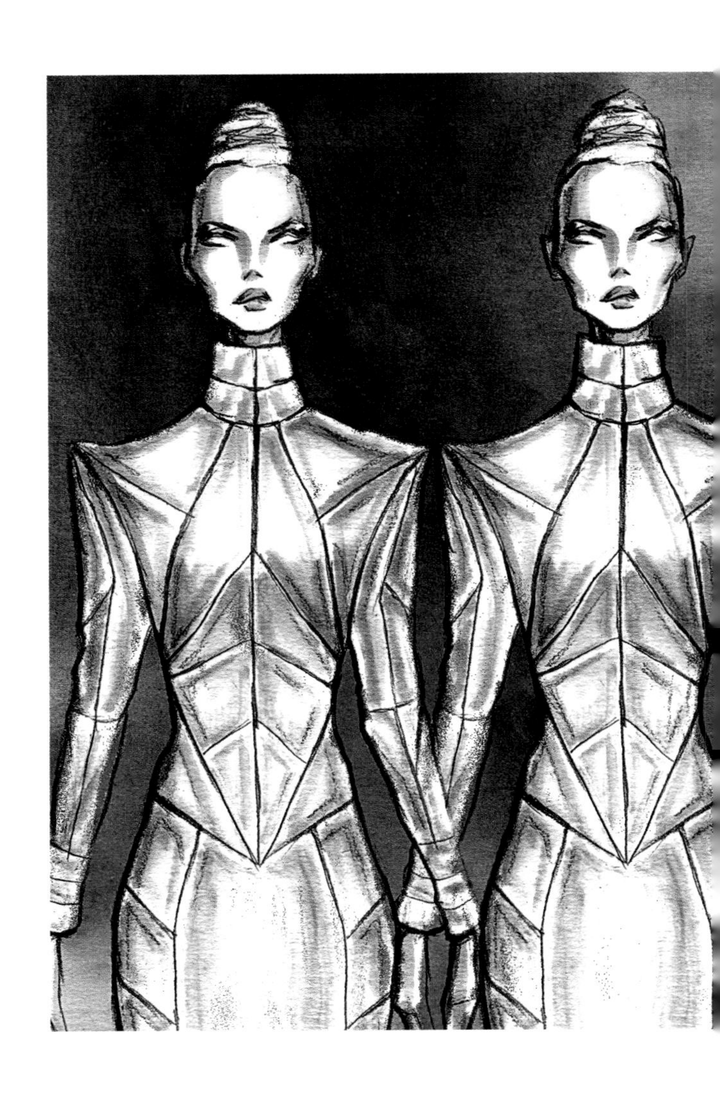

上图：阿什利 · 惠特克（Ashley Whitaker）用针管笔和记号笔绘制的时装画，利用流畅的线条和主体定位，创造了一个动态的页面构图。
右图：拉拉 · 沃尔夫（Lara Wolf）在构图中采用了鲜明的几何形式，从而增强了服装的未来感。

几何形式的构图（geometrically formal composition）则依赖于结构、组织、对称性和规则性。这些构图的本质通常传达了一种控制感，然而会缺乏情感。受极简主义、建筑风格或情感距离启发的系列可以从几何形式构图的时装画中受益。

时装画媒介和抽象性

就像优秀的艺术家一样，时尚插画师不应该受到特定媒介的限制。设计师和插画师应基于两个主要因素来选择媒介：媒介是否能够有效地表达主题，以及所使用的媒介是否传达了作品集系列的氛围。在许多方面，这可能是一个具有挑战性的选择，因为特定的媒介可能非常适合在视觉上传达某种材料信息，但会降低作品整体的表现力。插画师应该允许对技术进行采样，以便在媒介使用方面做出最明智的选择。

时装画系列作品集的质感可以提供有效的指南，帮助探索哪些媒介是有用的。例如，传统的牛仔布需要一种带有颗粒纹理的媒介，比如彩色铅笔或蜡笔。绸缎和其他光泽材料通常使用湿媒介渲染，如水彩、水粉或记号笔。在选择有效的工具和方法的过程中，尝试采用媒介组合、多种笔触和数字化手段会非常有益。

如娜塔莎·凯卡诺维奇（Nataša Kekanović）的时装画所示，媒介混搭和抽象化可以带来有趣的艺术效果。

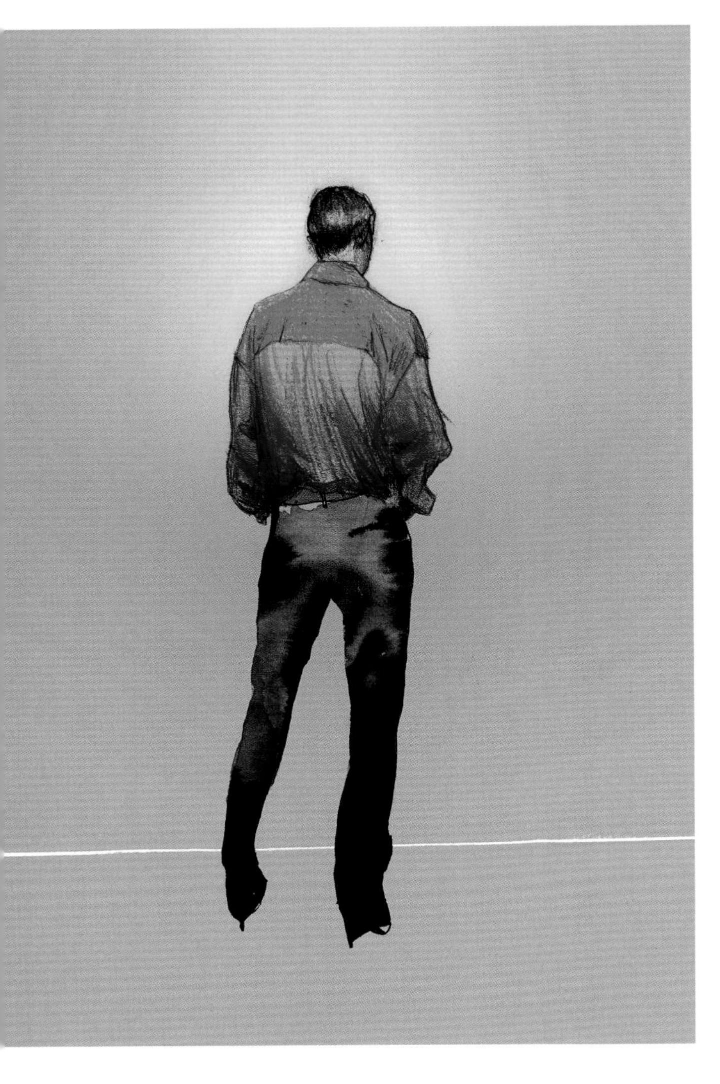

上图：加布里埃尔·维耶纳的时装画，通过选择合适的媒介将现实主义和抽象元素结合在一起。

右图：阿丽娜·格林帕卡（Alina Grinpauka）将面部特征和服装元素中逼真的线条细节与广泛的抽象色彩运用融为一体。

与倾向于遵循一套更加结构化规则的渲染草图不同，时装画允许设计师在格式、构图、媒介和抽象方面更加自由地发挥。抽象体现了图像为了提升表现力而可能会偏离现实主义的程度。完全现实的描绘不一定总是最合适的方法，因为这通常非常耗时，并且可能会影响作品表达的情感。这在时装插画师对人脸的画法中很常见。当采用完全现实的绘图技术传达人物的表情时，有时可能会让人觉得过于精确或正式。脸部变形、风格化或仅用几行线条暗示的简单方法可以更好地传达人物的情感。再次，从最现实到最抽象的多种方法中进行采样，插图师可以做出最佳选择来传达季节灵感、情绪和品牌形象。

Drawing Flats and Specs

款式图和工艺图

尽管有些设计师通过将服装可视化为草图来开发产品系列，但许多设计团队更喜欢使用款式图和工艺图进行交流。款式图和工艺图之间的差异在于目的不同。款式图是比例精准的服装线条图，用于设计会议和系列规划，以便每个在场的人都能充分了解每一件服装的确切外观。工艺图虽然基于非常相似的线条图，但往往会更深入地关注工厂生产所需要了解的内容，因此可能涉及更多的技术元素、多种视图、细节特写、内部结构等。

款式图和工艺图都是根据比例精确的线条图来绘制的。这意味着，如果一个系列的所有服装原型都将以美国 6 码进行开发，则款式模板应反映标准 6 号尺码人体模型或合身模型的确切比例。设计师可以很容易地开发自己的款式模板。一种方法是选择生产线的标准样本尺寸，然后拍摄所选尺寸的人体模型（dress form，最好有腿和手臂）。为避免可能出现的比例失真，相机应放置在离地面约 3 英尺（1 米）的位置，最小拍摄距离为约 12 英尺（4 米）。这张照片可以很容易地呈现出身体轮廓和主要参考线，包括胸、腰、臀、前中线和后中线。为便于参考，本书“草图和款式图模板”中包含了标准的美国女性6码（英国 8码，欧洲 36 码）和标准的美国 / 英国男性 38 码（欧洲 48 码）的款式图模板（请参见第 205 页）。

可以使用自动铅笔和针管笔手工绘制款式图，或者使用基于矢量的图形软件（如 Adobe Illustrator）绘制款式图。每种工具都有潜在的优点和缺点。手工绘制款式图往往会很快，但是要准确绘制渲染比例和精确匹配需要设计师勤加练习。数字款式图通常在大众市场和中级品牌中使用，它是在计算机屏幕上绘制的，这使得多个团队成员能够协作编辑、完善和调整，并且对于可跨季延续的款式，也便于日后进行修改。但是，数字线条可能缺乏柔软性，显得过于死板。

比例精度、线条质量和细节的基本规则对于所有款式图都是一样的。线条的粗细和类型传达了服装的细节。通常，用最粗的线绘制款式图的轮廓，使用中等粗细的线表示褶皱、开衩或褶裥，使用较细的实线表示接缝。缉明线用虚线绘制。

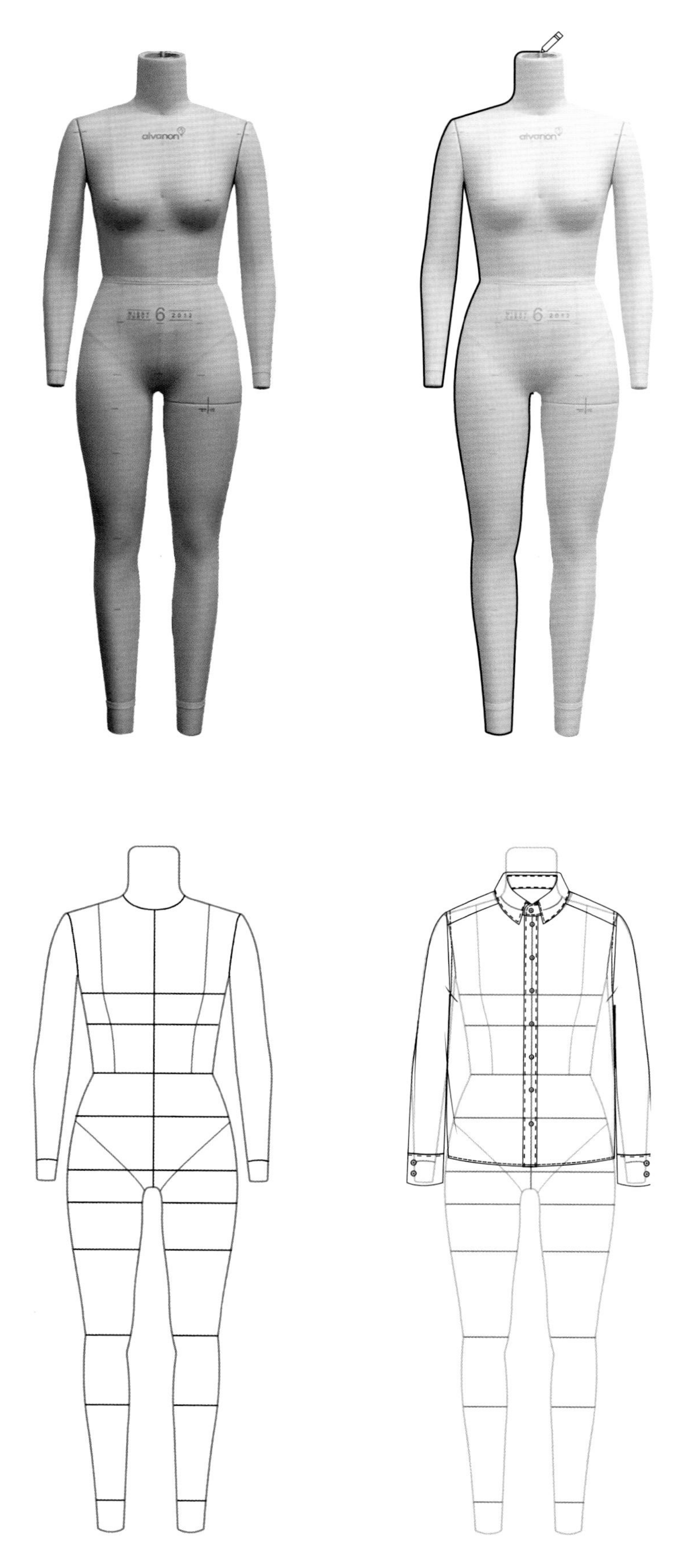

从人体模型的照片中开发款式
模板，并将其用于款式图绘制。

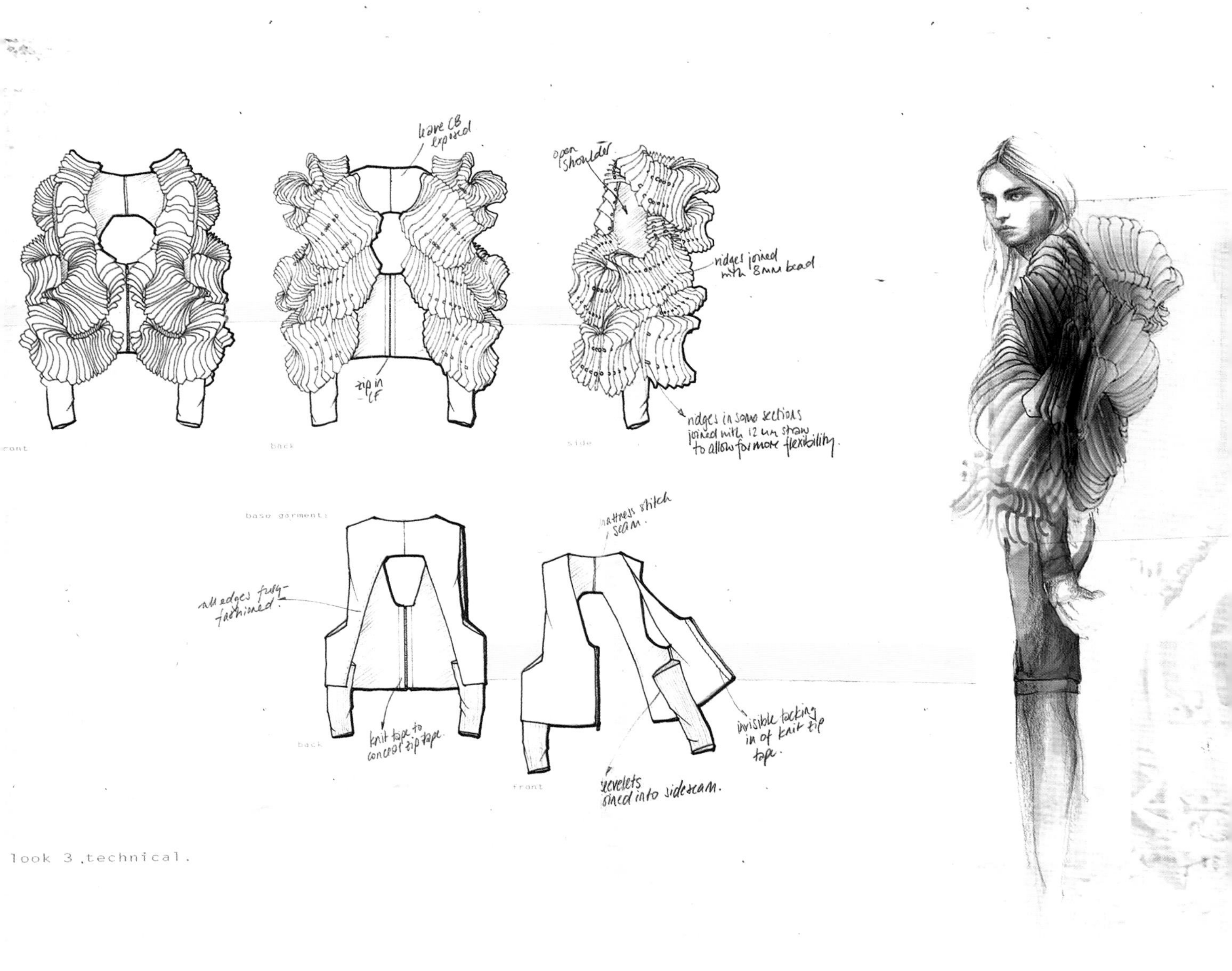

手绘款式图，朱莉安娜・普罗普。

手工绘制款式图

1．用铅笔描画

选择并放大正确的款式模板，然后用铅笔在模板上放置的一张布局纸上绘制。注意建立整体形状、主要缝线、褶裥和门襟。太小的款式图有可能会缺乏细节，因此根据经验，可选最小尺寸为 5 英寸 x 5 英寸（13 厘米 x 13 厘米），款式图可以在需要时进行数字化和缩小。要仔细考虑穿着的合身性、体积和舒适度，因为很少有衣服是直接穿在皮肤上的。

2．用针管笔描画

铅笔图绘制完成后，在其上放置另一张布局纸，或在灯箱上使用常规绘图纸，用针管笔画出清晰的轮廓。

3．添加阴影

阴影并非总是必需的，但可以使用浅灰色添加阴影以表明某种体积感或衣服的内部（例如，从正面看衬衫时的后领区域，或高低裙的后摆区域）。

数字化绘制款式图

1. 导入一个模板

将款式模板数字化并导入所使用的软件平台中。

2. 添加线条

使用线条工具将外观可视化。注意使用能保持材料质感和流动感的线条。

3. 添加缝线和其他细节

Adobe Illustrator 等软件可以很容易地设置规则的虚线，能够比手工更清晰地呈现可见的缝线。数字化工作的一个主要优势是设计师可以开发“笔刷”或自动色板，用于拉链、门襟和装饰（trim）。从长远来看，数字方法比手工方法绘制要快得多。

归根结底，为了避免不必要的死板，所有的款式图都应该是优雅的线条图，以反映服装的流动性、合身性和吸引力。它们还应包括服装的所有结构细节，如接缝、明线、褶裥、褶皱、纽扣、拉链、褶边等。本质上，展示任何被缝制或具有清晰三维效果的东西都是很重要的，例如，皮毛或绞花针织的质感。本书附款式图示例可供参考（请参见第 206~213 页）。

款式图一般不会有颜色。这是因为这张款式图还会用于开发项目的生产运行（production run），其中可能涉及多种颜色（包括纯色）和印刷材料的选择。因此，在确定最终范围之前，应将这些款式图保持为清晰的线条图。

一个好的款式图通常会成为制定工艺图的起点，通过提供额外的细节、特写视图、内部视图以及工厂生产所需要的其他任何信息，来增加款式图中包含的信息。

数字化款式图，约翰逊 · 海登。

Compiling the Range Board

编辑范围板

范围板是一个非常有用的工具，可以让买家看到所有可选材料制成的所有服装。这通常包含在设计演示中，以增强设计师对购买者需求的响应能力，并能让人更好地了解系列中展示的套装系列（capsule collection）如何扩展为更广泛的有趣选择。

准备一个有效的范围板需要两个关键要素：针对该系列中所有服装的款式图，以及按服装类别，如衬衫、套装、外套、中厚面料（bottom weight fabric）等分类的全套面料。

下一步是为每件衣服制作每种配色的款式图副本。例如，一件夹克有四种不同的材料或颜色，则需要四份相同的款式图。

然后应使用要制作的材料的颜色和/或纹理填充每个副本。对于纯色，使用 Adobe Photoshop 或其他设计软件上的“颜色填充”或“油漆桶”工具是一种快速的解决方案。对于有图案或纹理的材料，最好将织物数字化并将其放置在数字化款式图中。当然，在任何服装类别中，面料都会重复出现。例如，各种衬衫面料可以用在不同款式的衬衫上。

在开发范围选项时，设计师应尝试在纯色和有图案的面料之间，以及主要颜色（中性色、灰色、黑色、白色和海军蓝）与流行色（seasonal color）之间保持平衡。每个服装类别以及整个产品线都应注意这一点。吸引购买者的最好办法是提供各种各样的选择，以满足不同消费者的需求。

范围板的视觉呈现方式通常是通过将所有服装按类别分组，并将所有填充的款式图放在一起，稍微重叠，对角排列，来展示每种款式的面料变化，从而实现可视化的范围板。设计团队通常将此布局称为“瀑布式”。

品牌的营销和销售团队还经常使用为范围板开发的各种填充式款式图来开发产品线目录，这是在展览会上向买家展示时使用的重要文件。

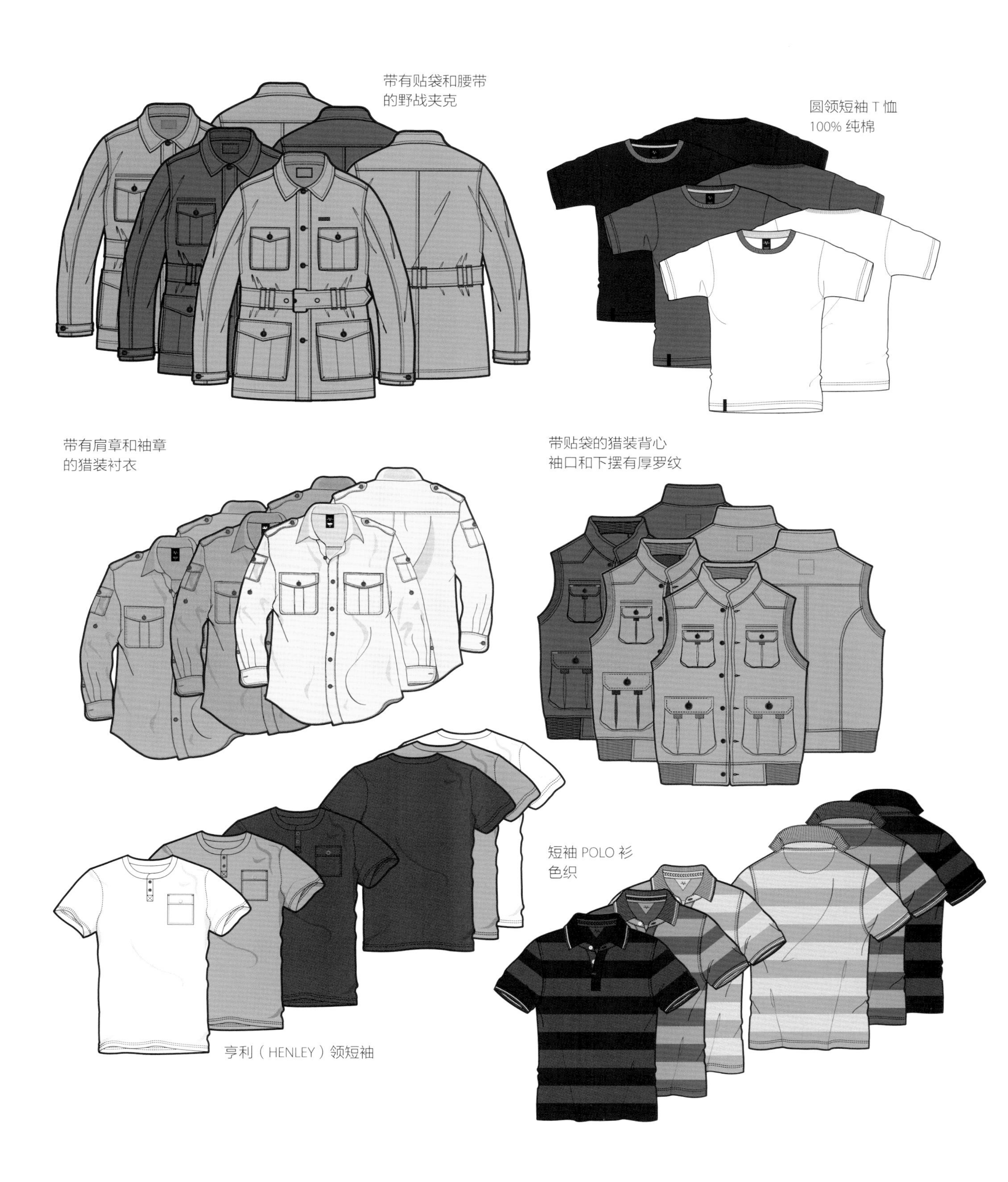

男士运动系列的范围板，展示了每一种款式可选的面料。

Spec Packs

工艺文件包

在时装产业中，服装通常是由签订合同的工厂生产的，而不是在设计工作室内完成的。而展示品旨在展示设计师的创造力和系列背后的灵感，通常在设计团队的密切控制下实现。生产线上的绝大多数产品都是由承包商取样的，如果买家选择了款式，承包商随后就将监督其生产运行。与工厂或生产团队合作需要精确的通信工具，这些工具被称为工艺文件包。把相关信息汇总是为了减少误解，并且必须包含生产团队（通常位于数千英里之外）所需要的每一个可能的细节，以便能够充分理解设计的各个方面。

工艺文件包通常包括不同的部分，每个部分侧重于与生产相关的不同元素。

一般样式信息：通常作为工艺文件包的封面，包括正面和背面款式图，款式编码（style code）或跟踪代码，以及可用的尺寸和配色。基本款式信息也将包含在工艺文件包所有后续页面的标题中。

材料、饰边和辅料的图表：该图表列出了用于服装产品结构中的每种材料，从外层面料到内衬、里布、垫肩、线、纽扣、拉链和所有装饰性饰边。必须列出每种材料、饰边和辅料（finding）有关供应商的特定信息，采购所需的产品参考代码以及所需数量和相关价格的信息。请记住，材料样式可能有多种颜色，因此精确的信息是至关重要的。

工艺图：工艺文件包中的这部分提供了充分理解款式所需的所有必要视觉信息。对于简单的服装，一页可能就足够了，但是对于具有复杂细节的项目，工艺图可能需要多页。如第 153 页所述，工艺图在必要时应包括详细视图、内部结构视图、细节特写以及该项目所需的任何其他视觉信息。这些信息通常会显示所有相关的尺寸，如口袋宽度、衣领深度和标签位置。

关键的控制尺寸：工艺文件包通常专用一页来列出关键服装尺寸。例如，裤子的长度包括内侧接缝的长度，再加上臀围和腰围的尺寸，而夹克和衬衫则指定胸围和腰围的尺寸，以及中后接缝、肩部接缝和袖子的长度。测量值越具体，效果越好。它们将确保生产团队缝制的服装符合设计团队的具体要求。由于服装制作是由人工来完成的，容易有细微的偏差，因此所有测量值都应列出允许的公差（tolerance），即样品服装与实际生产服装之间可接受的测量偏差。测量值显示为“32 英寸 Tol. ± 1/4”，这表示理想尺寸是 32 英寸，而制造商（manufacturer）可以接受的服装尺寸介于 31.75~32.25 英寸之间。

工艺文件包页面，尼基·凯亚·李（Nikki Kaia Lee）

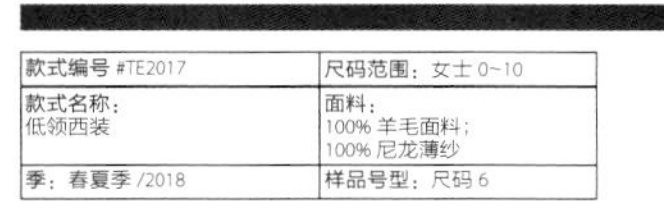

款式编号 #TE2017	尺码范围：女士 0~10
款式名称： 低领西装	面料： 100% 羊毛面料； 100% 尼龙薄纱
季：春夏季 /2018	样品号型：尺码 6

正面视图 / 背面视图

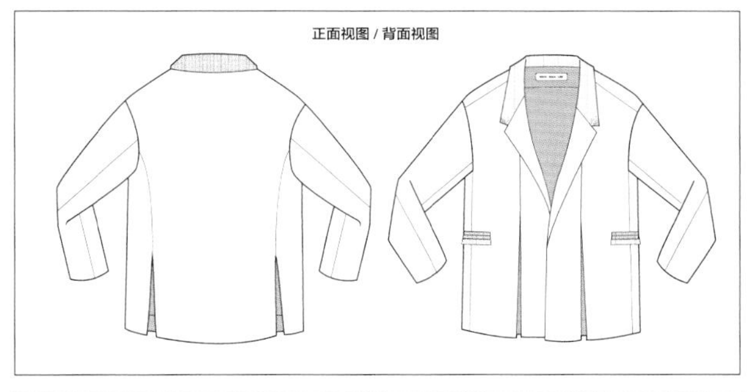

规格尺寸	
A. 衣长	30"
B. 胸围（腋下一寸）	56"
C. 腰围	54"
D. 下摆围	59"
E. 袖长	25.5"
袖底长	18.5"
袖窿（曲线测量）	25"
落肩	2"
I. 领口宽	15"
领高（后中处测量）	2.75"
K. 袋宽	5"
L. 袋爿高	.75"
M. 裥长	12"

面料

100% 尼龙薄纱　100% 丝网印刷羊毛面料

正面视图

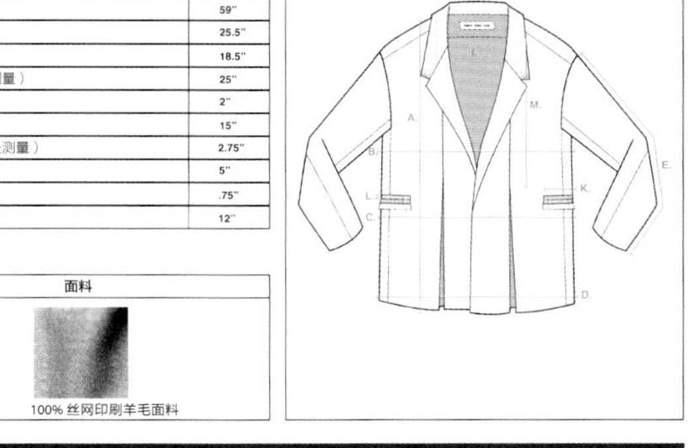

规格尺寸	
衣长	30"
胸围（腋下一寸）	56"
腰围	54"
下摆围	59"
袖长	25.5"
F. 袖底长	18.5"
G. 袖窿（曲线测量）	25"
H. 落肩	2"
领口宽	15"
J. 领高（后中处测量）	2.75"
袋宽	5"
唇爿高	.75"
裥长	12"

背面视图

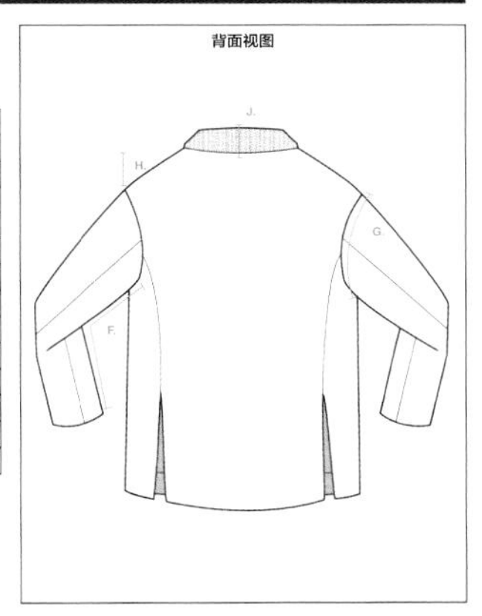

服装细节

刺绣领

NIKKI KAIA LEE

领子在夹层中覆盖了一层薄纱
其中包含：
–9 个大银色亮片
–7 个小银色亮片
–27 个米珠
–15 个喇叭珠

珠子将在夹层之间移动：
不要把它们进行缝合

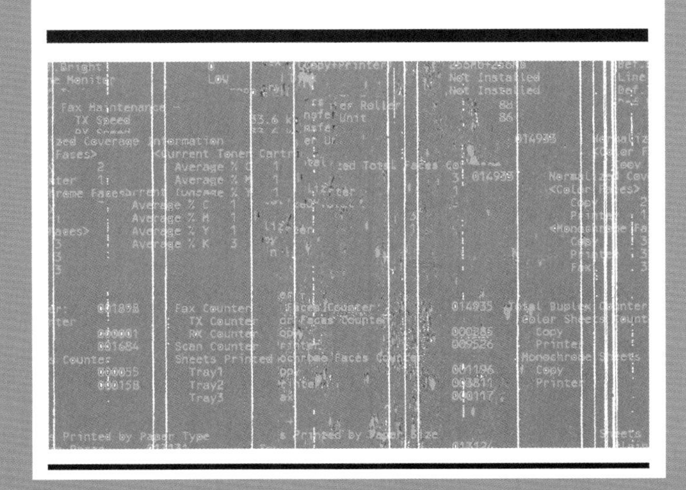

颜色选择

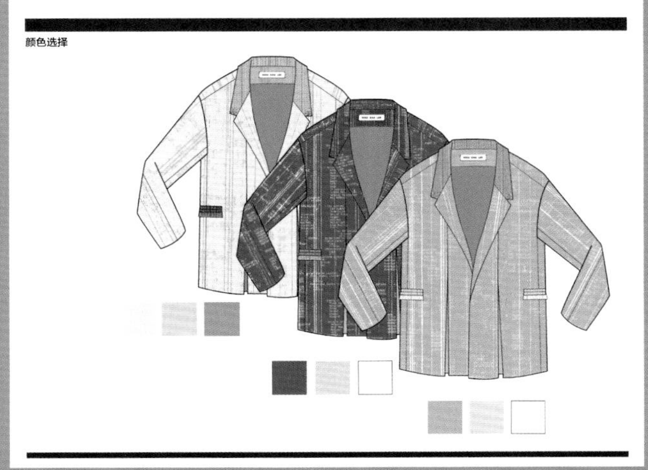

克里斯托弗·雷伯恩（Christopher Raeburn）样品室，设计创意在这里转化为原型。设计师必须与样品制作者进行有效沟通，熟悉生产设备，以避免代价高昂的错误发生。

控制尺寸的图表经常被扩展，以反映服装生产的每个号型的尺寸和公差变化，这个表有时被称为“号型表”。

结构制作（construction operation）：为了最清晰明了地说明，工艺文件包应包括完整的制作分步清单，以指导生产团队。每个缝纫步骤均按照准确的顺序排列；每道缝、边和襟的处理都有简要说明，并附各部件组装示意图。这些信息还包括每个步骤所需的机器、线的类型和针迹长度。

材料信息：需要特殊印花、处理或装饰工艺的服装，可以在工艺文件包的专用部分中详细描述技术细节。此部分的其他有用元素包括样本照片、技术绘图、流程步骤列表以及精确的潘通色参考。

成本核算：工艺文件包可以包括初步的成本明细。成本是针对生产过程中的每件服装计算的：某些成本（如材料和装饰成本）将直接计算到某件服装本身，而其他成本（如运输、样板开发和分级成本）是一次性费用，应按生产服装的数量来分摊。

成本核算应包括以下细目：

- 材料成本，基于所需的面料、饰边和辅料的具体数量。
- 前期生产成本，包括制版、放码、划样和裁剪成本。
- 生产成本，列出了承包商（contractor）组装每件服装的确切成本。
- 其他成本，如包装（packaging）、运输和进口关税成本。

生产成本估算

以上所有项目相加得到的生产成本通常是批发价的一半左右，而商店的成本可能会翻倍，并形成最终的零售价。因此，一件生产成本为 15 美元的服装，批发价格通常为 30 美元，零售价格约为 60 美元。

对于中低端市场的某些时装公司来说，初始成本计算的准确性尤其重要。这些公司通常使用初始成本来决定是否生产某个款式，不符合这些公司品牌标准定价范围的产品通常会被从生产线上剔除。

实践中的注意事项

对服装结构的深入了解对于设计师而言至关重要，因为从概念到工艺文件包，他们的创意选择都离不开这些知识的储备。事实上，时装专业的学生经常花费大量时间以平纹细布（或薄纱）来实现他们的设计和最终原型。但是，必须要注意的是，时装产业中的大多数涉及结构的工作并不是直接由设计师完成的。也就是说，设计师必须要对结构完全了解，因为他们最终负责监督、指导和核验样品制作者、纸样裁剪师和生产专家的工作。

7. Portfolios and résumés

第七章　作品集和简历

学习目标

- 考虑展示创意作品集
- 建立品牌愿景并将其传达给受众
- 了解年轻设计师需要与之交流的受众
- 评估在作品集视觉展示中使用的有效布局
- 考虑数字作品集展示平台，以及其提供的机会
- 确定成功简历的关键组成部分
- 成功展示设计工作所需的面试技巧

Portfolio Presentation

作品集展示

本章重点介绍将创意设计作品转化为行业演示文稿的步骤。进入时装产业的年轻设计师通过开发一系列作品来展示他们的创意和技术技能。作品集（portfolio）是一个打包的、编辑过的项目系列，可以采用实体书或数字演示的形式。年轻的设计师应该从一开始就建立作品集，以一致且有意的方式记录他们的设计项目，并特别关注他们希望与之建立联系的受众，即时装招聘人员。

要创建有效的作品集，就需要制订一定程度的计划，既要包括每个单独项目的介绍，也要包括整个工作主体的整体包装。设计师应该从确定自己的品牌愿景开始，因为这将渗透到每个项目中，并在作品集中清晰地表达出来。一旦确立，品牌愿景的传播将涉及对视觉传播工具做出某些关键决策，如标志（logo）和颜色的使用，图形设计元素和整体布局的选择，所有这些都将在本章中讨论。

要做好入行准备，仅成为一位优秀的设计师还远远不够。展示的各个方面都是紧密联系在一起的，因此，一个优秀的求职者必须要在简历和面试中表现出专业的沟通能力。

右图：2018年ITS（国际人才支持）国际时装人才大赛上的作品集展示。
对面：艾托尔·图鲁普的作品集。

Creating a Brand Vision

建立品牌愿景

建立一个有针对性的作品集的最佳工具是有清晰的品牌愿景。尽管在第二章（参见第 33~35 页）中讨论了与新产品线市场定位相关的品牌方向，但这里的重点是个人品牌，这正是有效和一致的沟通所需要的。

在接受专业培训的初期，年轻设计师应确定他们希望追求的专业角色、市场细分或主要服装类别。很难找到一个适合自己的位置，这很正常。要了解自己想要什么，最简单的方法是问自己："什么让我感到高兴？"

一旦设计师找到了能给自己带来深刻个人满足感的特定类型的工作，无论是为贝特尔级别（better）或中等级别（moderate）的市场进行纸样裁剪，为设计师时装秀开发纺织品，还是做高级时装剪裁设计，所有关于个人品牌的思考自然都会随之而来。

建立个人品牌愿景的下一步是制定一份与个人市场定位（niche）相关的核心价值术语列表。专注于高街（high street）品牌纸样剪裁的年轻专业人士可能会用"易理解""科技"和"现代"等术语，而专注于高级定制设计的人可能会用"艺术""奢华"或"奢侈"等词。这些核心价值术语可以形成一个简单的句子，成为设计专业人员的个人格言，并构成所有视觉传达和作品集展示的基础。例如，"我的作品提供了时装的艺术视野，将奢华的材料和超现实主义的创作过程融合在一起。"个人品牌愿景也可能会在所有项目中指导个人的设计过程和系列开发的方法。

标志、包装、色彩和图形设计都是作品集展示的一部分，以传达个人品牌愿景，并应在作品集受众的眼中明显加强个人的创意方向。

开发一个标志

标志是设计师个人品牌的第一个图形代表。标志在时装产业中起着重要作用，因为所有形式的商业品牌都以品牌标志为中心。例如，在所有体现方式中，orb 已成为维维安 · 韦斯特伍德作品的代名词，YSL 标志与伊夫 · 圣 · 罗兰品牌紧密相关。在时装产业中，为新的创意声音开发一个强有力的标志既有价值又具有挑战性。

醒目的标志应该不需要解释就能有效地传达品牌价值或品牌愿景。尽管许多标志都与设计师的名字有关，但有些标志以非语言方式进行交流。例如，著名的耐克"Swoosh"标志清楚地表明了该品牌对运动、速度和积极性的关注。即使是专注于语言交流的品牌，也会有意地使用字体排印（typography）来传达品牌价值。TopShop 的标识采用干净的无衬线体，传达了平易近人和现代感，而亚历山大 · 麦昆的标志则使用更复杂的字体来赞扬该品牌的奢华和历史感。因此，确定个人品牌标志的外观应该从清晰的愿景和价值观开始，标志设计应基于它如何有效地传达设计师所选择的信息。

有效标志设计的关键因素包括：

图片或字体排印的简洁性：一个好的标志应可用于从标签到名片再到店面招牌的所有内容。标志需要采用多种格式，因此很难包含非常精细的图像或文字。

标志设计开发，保拉 · 里奥斯（Paola Rios）。

可读性：标志旨在让观看者一眼就能理解。因此，重要的是要避免设计中使用图形设计元素或抽象的方式，妨碍内容和信息的清晰性。

适当使用色彩：色彩在传达品牌价值中起着关键作用。一些品牌从有趣的审美中受益，而另一些品牌则适合极简的黑白设计。例如，粉红色非常适合贝齐·约翰逊（Betsey Johnson）或 Accessorize，但完全不适合迪奥这样的品牌。另一个要考虑的因素是，时装界中的大多数标志都是经过精心设计的，以便可以轻松地将其编织到服装标签中。不可避免地，这限制了可以同时使用的颜色数量，然而这有益于保持合理的成本效益。

成功的品牌宣传：任何标志设计的核心挑战都是如何传达品牌信息。糟糕的标志设计可能会传达出不同于品牌本身的价值，或者更糟的是，根本无法传达任何有意义的信息。如果一个设计师想要展示作品的奢华，但他们的标志主要传达出一种土布手工艺品的感觉，他们的品牌信息就被严重破坏了。

通过在标志开发过程中寻求意见，可以轻松应对上面列出的所有挑战和常见陷阱。从尽可能多的人那里收集反馈是非常有价值的，使用社交媒体平台收集反馈可能特别有价值。请注意，整理和处理反馈是任何设计工作必不可少的部分。

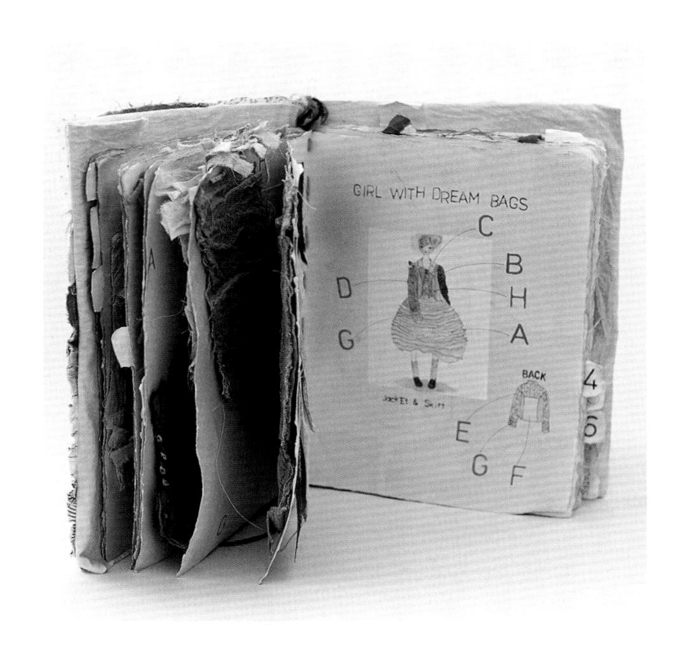

左图：桥本桃子（Momoko Hashigami）的这本经验丰富的作品集有效地结合了工艺装订技术和触觉材料。

对面上图：品牌的所有元素都应跨媒体和格式使用，如阿泽德 · 让 - 皮埃尔（Azede Jean-Pierre）的报纸杂志和作品集。

对面下图：凯文 · 沃里克（Kevin Warwick）的系列作品集页面，展示了设计构思、灵感、开发和系列细节的各个方面。

包装（packaging）

在商业品牌和个人创意身份的背景下，包装在传达品牌价值方面与标志设计一样重要。在这种情况下，年轻的设计师应该意识到，招聘人员、购买者以及与之互动的任何其他专业人员每天都习惯通过包装来感知品牌。

当然，材料和颜色的选择对于有效包装也至关重要。对于一些人来说，锐利、清晰的亚克力盒子可能与某品牌有关，而手工装订、压花皮革文件夹可能更适合另一些人。

作品集的包装方法通常分为两大类：书本和盒子。

书本往往更易于用户浏览，但在向一大群人展示时，它可能会有局限性。允许设计人员添加或删除页面以使其与特定受众之间的相关性更高非常重要，因此许多作品集都使用活页装订的书本。

盒子是将作品集呈现为一盒单独的页面或一面展板，其好处是可以被多个观众同时分享和观看。但是，这种灵活性会使演示者更难控制查看作品的顺序。用盒子展示会更有利于展示大型纺织品样品或 3D 模型。

有些设计师可能会选择将这两种形式结合起来，将他们的主要设计作品作为一本书来呈现，并在辅助框中添加样本和模型。

市面上可以买到各种各样材料，包括竹子、亚克力、铝、皮革和软木制作的作品集。其中大多数材料是可以通过雕刻或激光切割轻松定制，以展示设计师的标志或其他一些吸引人的视觉材料。

某些设计师选择探索装订过程并制作独特的手工展示，而不是购买作品集或盒子。同样，设计师如何选择，应基于包装与个人品牌价值的相关性。

重要的是设计师要意识到招聘人员每天都会看到大量作品集。因此，用独特和个性化的展示吸引他们的注意力是至关重要的。优秀的包装甚至可以在目标受众看到实际设计作品之前就吸引他们，从而使他们感受到品牌信息，转而成为对作品的关心和关注并给他们留下深刻印象。所选的包装应为所有品牌传播提供信息，从作品集到型录（lookbook），从简历到贺卡。一致性是有效的关键。

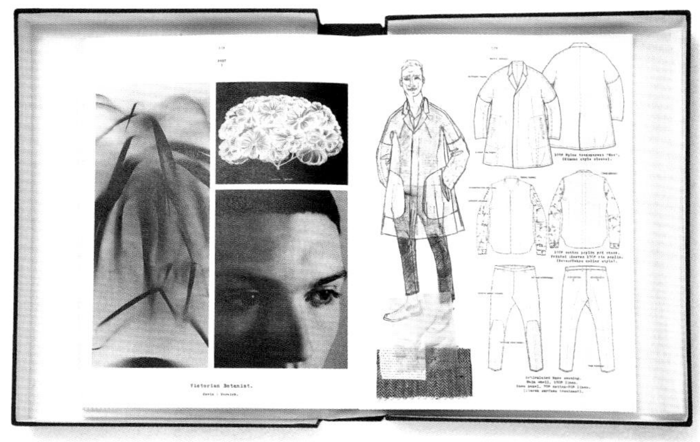

Victorian Botanist.

Understanding Your Audience

了解受众

作为作品集格式的一部分，单一设计项目的标准展示通常包括以下元素。

封面（cover page）：这是基础。最好不要给作品集定日期，而要给它一个标题。这会让这个作品集的生命周期更长。

灵感 / 概念板（inspiration/concept board）：所收集视觉灵感的视觉摘要。

情绪板（mood board）：介绍所开发系列的情感方向。

客户资料（customer profile）：针对所开发系列的最终消费者的一个清晰且以生活方式为中心的展示。

颜色（color）：这些颜色应以调色板（color palette）或颜色条（color bar）的形式显示，并引用特定的潘通色。它不必是一个单独的页面，但可以作为上一个板块的一部分进行介绍。

过程记录（process）：一种视觉上的总结，描述了在系列作品集的开发过程中所进行的创作过程。这可以通过将更有力的过程记录本页面数字化或制作工艺拼贴画（process collage）来完成。

材料（material）：相关的原始材料和原料的物理样本。

渲染的草图组合（lineup of rendered croquis）：通常以整幅作品的形式展示，呈现出该系列在 T 台上的风采。

款式图（flat）：包括所有服装的前后款式图，以传达所设计产品的结构细节。

时装画（illustration）：尽管有些作品集不包含时装画，但它们应该被视为一种有价值的创意叙事工具。

范围板（range board）：在每个可用的颜色选项中呈现每个样式。范围板加强了市场意识的沟通。

型录（lookbook）**/ 成衣照片**（images of completed garment）：如果在演示过程中未展示服装本身，则应包括该图册。没有必要同时准备实物服装和照片。

工艺文件包（spec pack）：包括主要款式的数据包，体现了设计师对生产流程强大的掌控能力。

在每个项目展示中包括所有这些元素可确保覆盖最重要的基础信息。

每个设计师的创作方式都是独特的。专注于个人品牌价值有助于为作品传达一致的信息，设计师在展示自己的作品集时也必须考虑观众的需求。在培训和职业生涯早期，设计师可能会向包括媒体、招聘人员和买家在内的各种团体进行演示。每类受众都希望看到某些特定项目。媒体更有可能被概念、创作过程、原始探索和艺术表演所吸引。设计职位的招聘人员通常希望看到创造力和技术知识的平衡，而技术职位的招聘人员可能会完全关注技术。买家想要看到生产线如何与市场相适应，如何满足需求，包括清楚地了解价格和生产过程。因此，编辑作品集并将其定制为与特定受众相匹配非常重要。例如，当向媒体展示时，某些工艺文件包页面可能会被删除；如果应聘技术设计工作，则可以减少一些实验性较强的过程页面。

2018 ITS（国际人才支持）的评审小组。所有年轻设计师必须习惯定期向各种各样的行业专家介绍他们的作品。

虽然通常将每个项目的重点放在某一个方面，以使其对特定受众更具吸引力，但作品集的项目应始终看起来完整。每个项目都应展示起点、探索和结论，这展示了一种毅力和专业精神。应该避免从各种项目中随机收集快照来构建作品集，因为这样做通常会造成混乱且是不专业的。

由于作品集展示时间很少会超过 15 分钟，因此作品集应由 3~4 个完全开发的项目组成。设计师试图讨论曾经完成的所有作品将是多余且令人反感的，用于演示的项目应根据听众来选择。

刚进入时装界时，年轻的设计师应根据自己的创作兴趣和天赋来确定专业方向。这不仅是个人品牌塑造的起点，也是设计师职业道路的基础。所选择的创意专业将决定设计师要申请的职位，并有助于完善作品集将呈现给哪些可能的受众。

Effective Layout

有效布局

决定如何布置作品集展示是一个多方面的挑战。每个页面都必须有效地发挥作用，在其所属的不同项目中正常工作，并有效地为整个作品集做出贡献。因此，需要进行多层规划。

页面格式和布局

首先考虑正在开发的作品集的整体规格。标准作品集规格通常不大于 11 英寸 ×17 英寸（28 厘米 ×43 厘米），大致为 A3 规格，所有页面均以纵向（portrait）或横向（landscape orientation）显示。切勿混合页面方向，因为这会使页面变得笨拙而混乱。如果要制作作品集手册，设计师应该意识到两页会并排展示，从而使作品集的完整视觉空间扩展为所选页面大小的两倍。这意味着 11 英寸 ×14 英寸（28 厘米 ×36 厘米）的纵向页面将扩展为 22 英寸 ×14 英寸（56 厘米 ×36 厘米），而 11 英寸 ×17 英寸（28 厘米 ×43 厘米）的横向页面将扩展为 11 英寸 ×34 英寸（28 厘米 ×86 厘米）。在规划每个页面时都应牢记这一点。

页面布局通常分为两大类：结构化页面布局或有机页面布局。结构化的页面布局将使每个元素保持整齐的排列和有组织的排列，以产生整齐、有效有时甚至是简陋的效果。有机页面布局可以物理地或数字地探索拼贴技术，以产生创造性的、流动的效果，但有时可能会使页面变得混乱。无论采用哪种方式，每页的布局都应将观看者的视线引导到焦点区域，该区域可能是页面上呈现最大图像的区域。

页面通常根据简单的网格布局指南进行结构化（请参见对面）。将页面的每个边平均分为 2、3、4、5 或 6 个单元，将产生一个简单的网格，可用作规划页面的基本框架。无论是实施结构化页面布局还是有机页面布局，网格都有助于保持某种整体的分配和平衡感。即使是像拼贴画一样的页面，也应该有一种用心和细心的感觉。

故事板多页演示

每个多页项目演示以及整个作品集，都应在吸引观众的同时传达设计师的创造才能和技术能力。确保多页演示能够有效工作的最佳方法是在启动每个页面或板块之前创建故事板（storyboard）。无论是手工制作还是以数字方式制作，故事板都将按比例正确地布局每个扩展的缩略图，以便设计人员可以一目了然地看到整个项目。这可以用来确保布局足够动态，以保持观看者的兴趣。故事板应确定每次将如何利用比例、位置、构图（composition）和图形设计元素来使整个演示呈现令人兴奋的视觉体验。在此阶段可以识别出重复的或单调的布局，应将其替换为更有效的作品。

3×3、4×4 和 5×5 网格的页面布局选项。

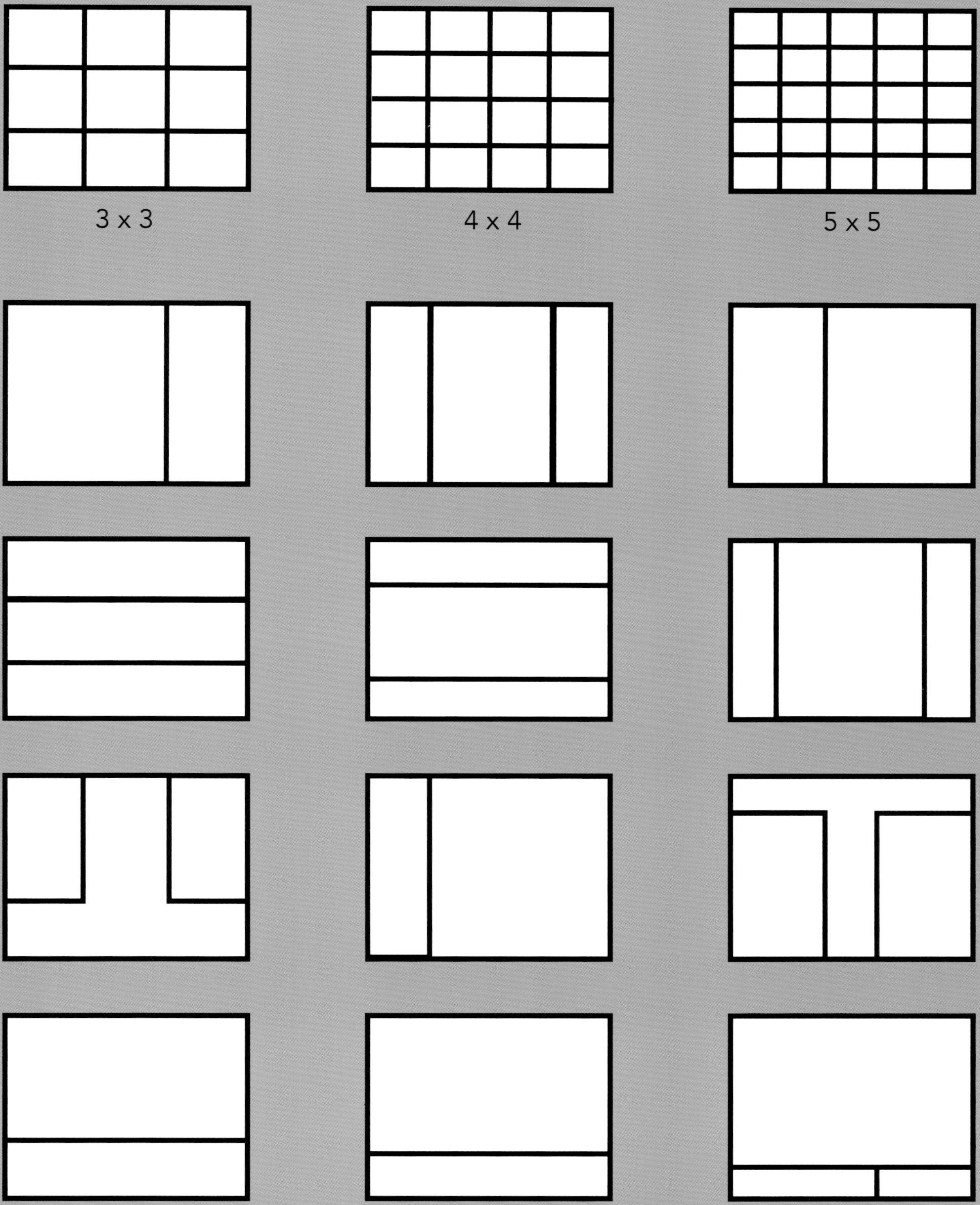

3 x 3

4 x 4

5 x 5

瓦莱里娅 · 普利奇（Valeria Pulici）的数字作品集布局。

Digital Portfolios

数字作品集

设计师通过在线展示使自己的作品被全世界看到，从而大大受益。数字作品集提高了设计师的公众形象，并增加了受聘、被媒体关注和创意合作的机会。个人作品集网站可以在作品的展示方式上提供丰富的创意，使设计师可以通过互动内容、多媒体交流、动画项目等吸引观众。

如今，许多招聘人员通过在作品集平台上浏览数字作品集来寻找人才。这些平台包括 Behance.net、ArtsThread.com、Styleportfolios.com、Coroflot.com 等。每个平台的导航结构和搜索能力以及可能的用户都有所不同。虽然有些平台更受北美招聘人员的欢迎，但其他一些平台往往更受欧洲和其他地方招聘人员的青睐。无论如何，强烈建议行业中的年轻创意人士在所有主要作品集平台上展示自己。尽管个人网站提供了更具个性化的美感，但是除非有人已经知道设计师的姓名或网址，否则很难找到这些网站。因此，作品集平台是一个有价值的集中场所，招聘人员可以通过搜索关键词来发现设计师的作品。

个人作品集网站和作品集平台都应始终链接设计师的所有社交媒体账号，如 Instagram、Facebook、Pinterest、Tumblr 和 LinkedIn，否则会降低他们的作品被看到的可能性。

每个数字作品集平台都以不同的方式组织和呈现视觉素材，这意味着在发布之前，作品集可能需要重新格式化，以便能够更好地满足每个平台的视觉结构要求。Behance 以垂直页面对齐方式组织项目，而 ArtsThread 的页面是水平对齐的；有些平台仅展示单幅图像项目。因此，设计师面临的挑战是确保无论使用哪种平台，都要确保作品的最佳呈现。在发布之前，开发针对特定平台的故事板来重新格式化工作是节省时间和有价值的。

下面列出的几个简单的技术适用于所有数字作品集平台。

页面方向（page orientation）：大多数招聘人员在计算机屏幕上浏览作品集平台，而不是在智能手机上，这意味着作品应该以横向页面的方式呈现。这可以通过在所有演示作品中使用横向页面，重新格式化原本在纵向页面上显示的作品，或者在上传之前将两个纵向页面以数字方式组合成一张“扩展”图像来实现。

分辨率和图像尺寸（resolution and image size）：尽管为打印而创建的图像应始终以极高的分辨率（300 DPI / PPI 或更高）保存，但在线上传大文件可能具有挑战性，而加载这些文件对浏览者来说可能是很麻烦的。为了进行数字发布，图片的最大尺寸应为 11 英寸 ×17 英寸（28 厘米 × 43 厘米），即 A3 规格，分辨率为 72 DPI，将多层图像拆分为单层副本。

选择有效的封面（selecting a strong cover page）：招聘人员浏览作品集平台时，通常会先看到大多数作品的封面。封面图像会影响他们是否全面查看作品集。有效的封面应该吸引观众，并展示整个项目的创造才能和技术才能。

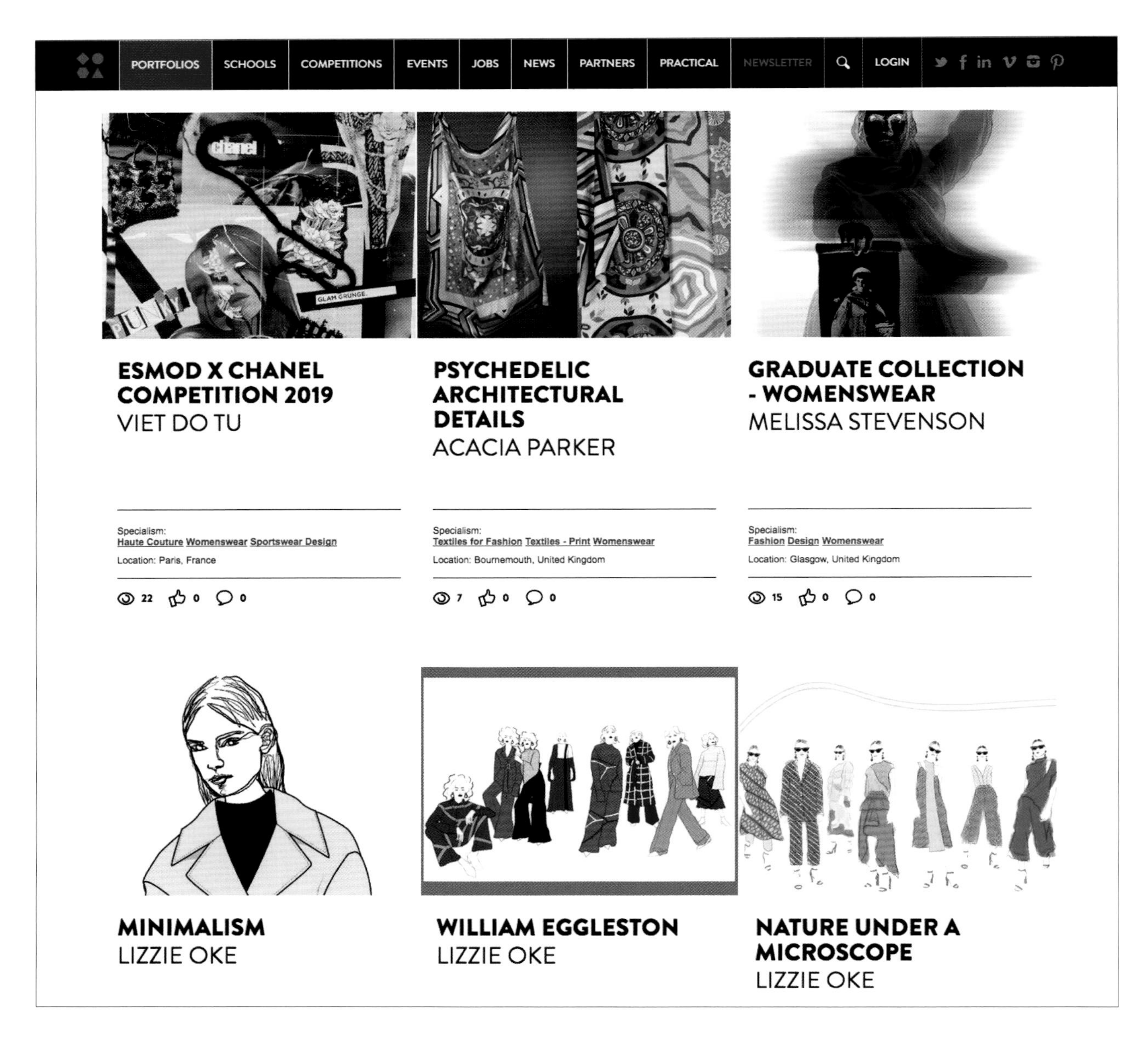

封面图像是通往任何数字作品集的通道，如 ArtsThread 网站所示（上图）。
有意选择此页面，因为它对于吸引目标观众非常重要。

色彩管理（color management）：在数字化图像时，特别是在扫描或拍摄手绘图或草图本页面时，色彩平衡通常会发生变化。在视觉传达的所有步骤中控制色彩平衡的过程通常称为色彩管理。二维作品的数字化最好通过扫描而不是摄影来完成，因为通常会对扫描仪进行校准以确保准确性。记录纺织品、实体模型或服装样品只能通过摄影来完成。在这种情况下，确保合理的色彩准确性的最佳方法是使用漫射自然光记录这些项目。无论最初的文档编制过程如何，都必须对每个记录的图像进行色彩平衡，然后通过各种设备查看图像，以确保色彩管理的一致性。

数字作品集的水平对齐选择和垂直对齐选择

水平对齐（horizontal alignment）

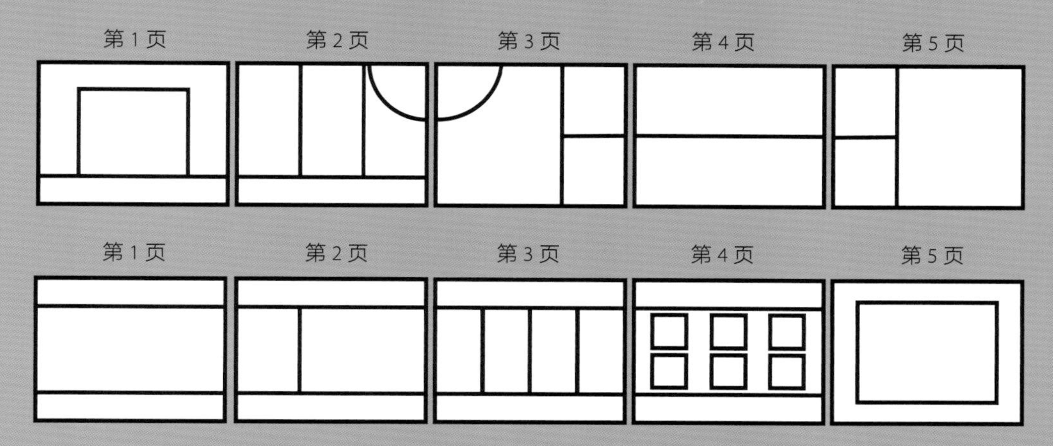

垂直对齐（vertical alignment）

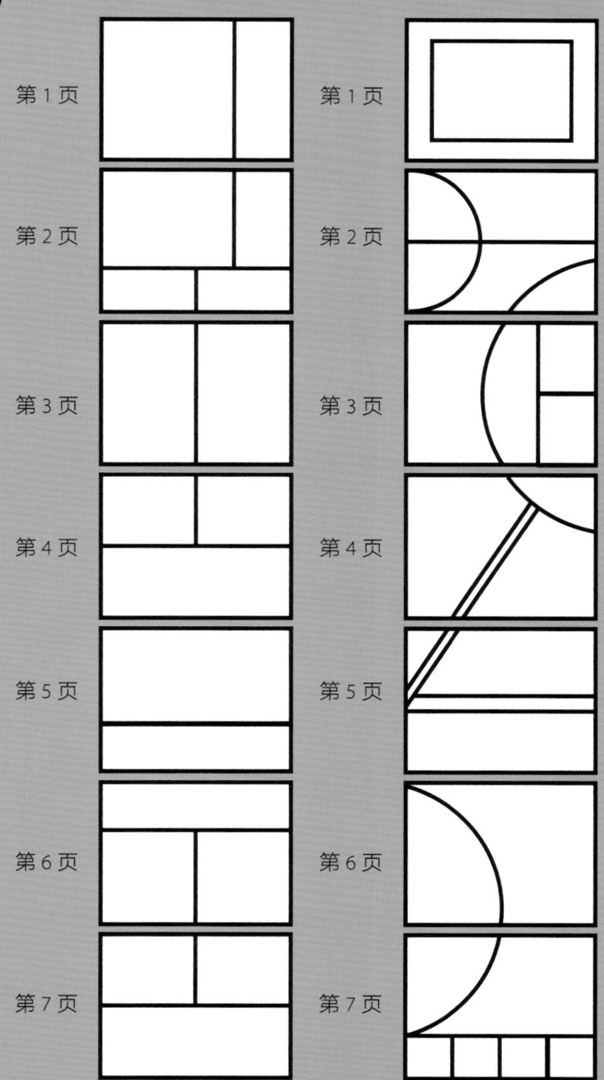

Résumés

简历

作品集是大多数寻找设计人才的招聘人员的主要关注点，但是，一份强大的简历其价值不应被低估。设计师和创意专业人士有时可能会觉得简历枯燥乏味，但简历确实提供了快速了解求职者的信息，这对于在同一职位上比较候选人至关重要。尽管简历的主要目的是清晰和直接，但是设计师可以在简历中加入个人品牌的元素，可以添加个人标识，还可以选择颜色和字体以匹配作品集的包装样式。这些元素应谨慎使用，以免影响简历的清晰度。

总体而言，布局应整洁、易于浏览并清楚地提供基本信息。个人详细信息（如姓名、地址、电话号码和社交媒体账号）应突出显示，核心技能应简要概述。当列出核心技能时，诚实和信息丰富是很重要的。例如，列出“切缝针织服装设计”比“服装”要清晰得多。尽管一些设计师喜欢简短的个人目标声明，但这种声明通常显得普通而乏味，在这种情况下就不应该添加到简历中了。

应该只列出对职业准备有相关贡献的教育背景和工作经历。因此，虽然大学里的零售工作可能与入门级的申请相关，但在以后的设计师职业生涯中，它应该从简历中删除。应避免使用过于复杂的视觉材料，如大幅插图或铺天盖地的图像。考虑到这一点，一些设计师可能会发现他们可以成功地使用简单的图形工具来表明他们对专业软件或对外国语言的熟练程度。整个简历不应超过两页，这很有挑战性。

简历应该简洁、条理清晰、易读。

基本的简历布局和图形设计元素

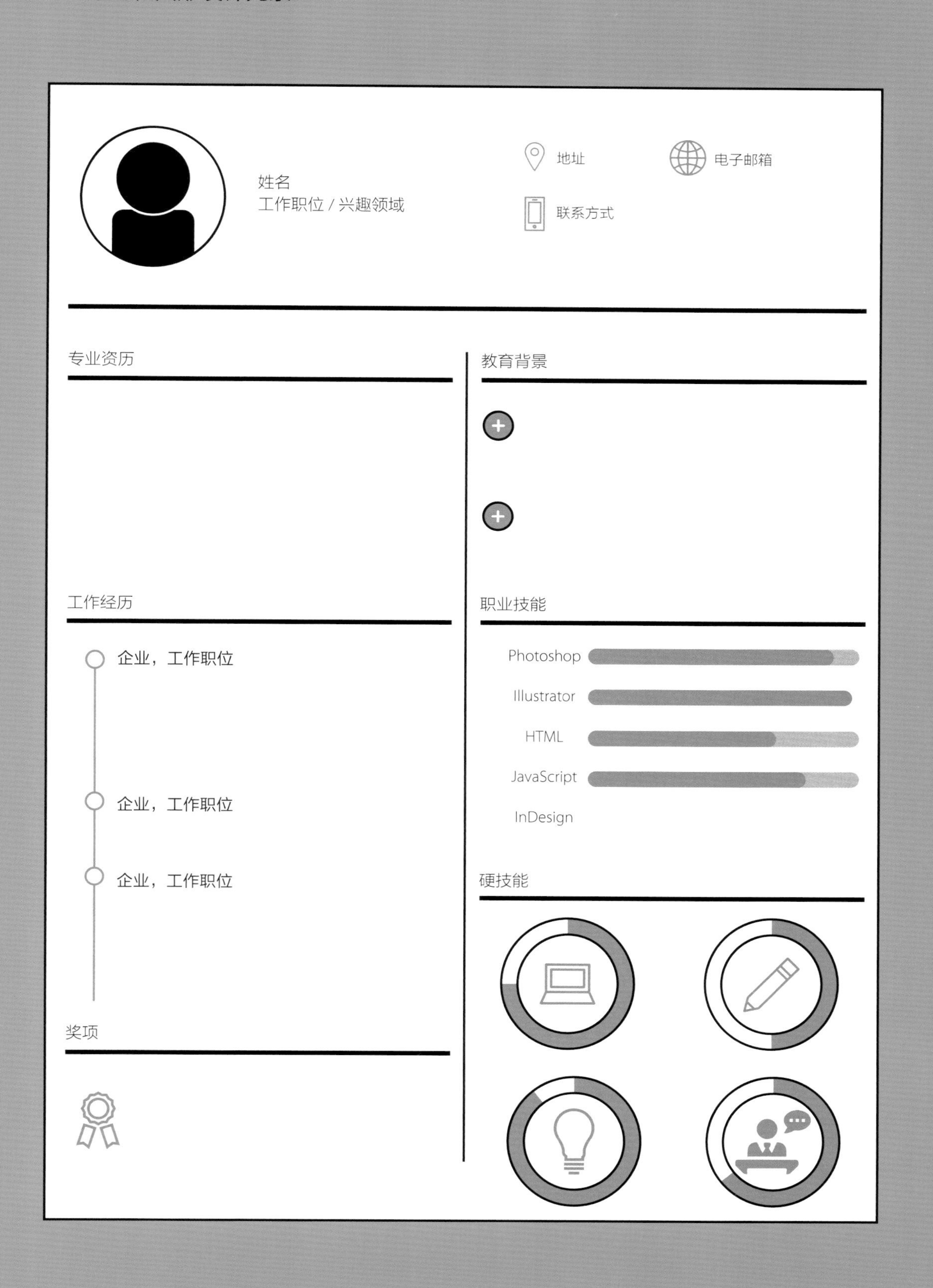

Essential Interview Skills

基本面试技巧

专业面试可能会令人紧张，但请记住，这不是考试，而是与面试官建立联系并向他们介绍自己的机会。当求职者被要求参加面试时，他们不应该忘记招聘人员通常已经以数字形式看过他们的作品，并且认为作品本身就显示了这份工作所需的技能。剩下的唯一问题是求职者是否适合团队。虽然设计培训通常是一个非常注重个人能力的过程，但在行业中通常需要团队协作，因此，展示团队结构的凝聚力是至关重要的。

以下是一些重要的面试技巧。

调研（research）：求职者应仔细调研要面试的公司，并在准备面试谈话要点时利用调研信息。他们应该思考如何为公司做出积极贡献，专注于为什么自己会非常适合该公司。面试前的调研当然应该包括收集该公司的作品，同时也要真正了解公司的设计和生产方法，还要包括商业新闻，对当前趋势的相关调研，以及有助于加深对品牌及其背景理解的任何其他信息。

倾听，然后有目的地交谈（listen，then talk with purpose）：最好让招聘人员主持对话。招聘人员说话时求职者应格外注意，使自己的回答表明已认真倾听过。

年轻的设计师常常害怕沉默，并感到有必要在冷场时主动说话。避免在此环节出现问题的最佳方法是为作品集中的每个项目制定一个简单的谈话要点列表，并确保它们按逻辑顺序组织。无须告知招聘人员从页面上可以清楚看到的内容。招聘人员希望了解设计师的独特创意方法，所遇到的挑战，以及这些挑战如何促进职业发展。

自信（self-confidence）：在任何面试中，保持目光交流，避免防御性肢体语言，以及将面试官视为朋友都是很重要的。当团队成员因彼此之间的真正友谊而激发积极性时，工作就会格外顺利而有成效，尤其是在服装设计这样的领域，日常活动和大部分决策往往都是集体参与的。设计会议、产品线审查会议、营销会议、生产会议等都是需要较强人际交往能力的专业场合。因此，在面试中表现出自然友好和开放的举止至关重要。

对面：2018 年 ITS（国际人才支持）的设计演示和面试。

INTERNATIONAL
TALENT
SUPPORT
2018
ELEANOR McDONALD
FASHION FINALIST

Recruiter Profile: Elaina Betts

招聘人员简介：伊莱娜·贝茨

伊莱娜·贝茨是 JBCStyle 时装招聘公司的高级人才招聘主管。

是什么让您想成为一名时尚达人顾问?

我没有打算在毕业时从事时装招聘工作。就像许多奇妙的事情一样，这个职业是自然而然地做起来的，我对此非常感激。我担任的每个职位的核心原则都是通过我的工作将消费者与时装联系起来。招聘让我能够把我的专业技能和我个人的热情结合起来，为时装创意人员提供更多的机会。通过招聘，我充分利用了自己的行业知识、市场经验，在时装方面接受的教育和天生的与他人联系的愿望，帮助创意人才寻求职业发展。

您认为年轻设计师最需要在作品集中展示的技能是什么?

我认为，设计过程是求职者作品集中最重要的部分。我们的客户特别希望看到干净美观的手绘草图和完全渲染的草图，以判断求职者的设计能力。

许多年轻设计师认为时装产业是一个竞争激烈的产业。您认为初级求职者应该表现出哪些个人能力?

年轻的设计师应该满怀激情和以坚持不懈的态度进入时装产业，他们还应该有能力运用所有传授给他们的知识。时装产业竞争激烈。然而，对于一心一意寻找、研究自己的兴趣市场，与其他创意人士交流，花时间吸收信息，坚持不懈地追求的设计师来说，脱颖而出并不是不可能的!

您给进入时装产业的年轻专业人士最重要的建议是什么?

对于年轻的设计师来说，磨炼自己的个人审美，了解自己偏好的类别和兴趣市场，然后尽快寻求特定的行业经验，这是非常重要的。我们的客户要求训练有素的求职者在各自的市场领域和类别中具有影响力。不幸的是，经验极其丰富的设计师在简历上看似乎并不合适。在很多潜在雇主看来，“万事通”常常代表“一无所长”。如果一个年轻设计师的定位是现代女性，那么关键是他们要训练自己的眼睛，发展一种一致的审美，并在市场上寻找与知名雇主相关的经验。

作品集页面，玛农·奥凯洛（Manon Okel）。

您如何预见时装产业的未来发展？
您认为这将如何改变作品集、面试和其他招聘流程？

我们看到时装产业内的自由职业者、临时工和合同工的机会大量增加，并预测这种趋势将继续下去。不幸的是当长期就业主导着市场机会时，短期的自由职业经验可能会阻碍求职者在长期就业方面的工作。市场机会的变化改善了公司对自由职业者的偏见，并加深了各方对利益的了解。求职者对自由职业的个人偏好也在增加。

从客户的角度来看，自由职业可以让各大品牌在正式聘用前测试求职者是否能融入公司文化，并评估他们的表现能力和软技能。这也使年轻的设计师可以开始建立关系，优化简历和更快地上手工作，同时如果他们愿意的话，也可以继续寻找长期工作。此外，大量的合同机会吸引了那些想要建立自己品牌的高级设计师，他们可以在建立品牌的同时通过自由职业获得收入，而不需要承担额外的长期工作责任。

Glossary

术语表

术语因国家或地区而异，因此术语表中列出的一些术语首先标明了主要用法（通常是在美国或英国），然后在括号中注明了最常见的替代术语。这些地区以外的创意团队倾向于使用其设计主管的首选术语。

3D 打印技术（3D printing）[也称快速成型技术（rapid prototyping）]：将数字 3D 模型制作成实体三维物体的一种计算机技术。

把关人（gatekeeper）：时装产业中的重要决策者，如在时装新闻界有影响力的编辑，趋势预测者，以及主要零售商的买主和推销员。

包装（packaging）：通过使用包装材料或保护性材料来展示品牌或产品。

饱和度（saturation）：色调（hue）的视觉强度或振动度。

贝特尔级别（better，美国）：介于桥梁级别（bridge）和中等级别（moderate）之间的市场水平。香蕉共和国和 COS 等品牌在贝特尔级别的市场中经营。

编辑（editing）：通过修正、精简或其他方式修改作品以供公开展示的过程。

标志（logo）：品牌用来标识其产品和服务的符号或图像。

表面立体裁剪（surface draping）：将织物置于人体模型（dress form）上，通过进行表面处理以形成可以支撑内衣的结构。

布边（selvedge）：织布的成品边，沿着织物剪裁的纵向边缘延伸。

布局（layout）：在视觉演示中，文本和图片在页面上的排列方式。

草图（croquis）[又称时装草图（fashion sketch）]：在被拉长的站立或行走的人体上快速展示服装。参见渲染草图（rendered croquis）。

产品开发人员（product developer）：时装产业的专业人员，负责管理服饰（apparel）项目从设计获批到最终产品生产的执行。

长丝纤维（filament fiber）：以长而连续的单丝获得或生产的纤维，如丝绸或人造丝。

成本核算（costing）：在产品生产和销售之前，对它们的生产成本进行统计和预测。

成型针织品（fashioned knitwear）：一种服装类别，通过将纱线编织成成型的衣片，并将它们组装起来形成成品服装。

成衣（ready-to-wear，RTW，也称为 Prêt-à-porter）：以标准尺寸生产的任何服饰（apparel）。

承包商（contractor）：按制造商的规格要求，为其生产服装、纺织品、饰边或其他部件的企业。

重复印花（repeat print）[又称全面印花（allover print）]：一种看起来可以无缝覆盖整个衣服表面的印花设计。

初级研究（primary research）：通过直接观察、绘画、摄影、录像、调查、访谈、问卷或焦点小组等方式收集第一手信息。

穿孔（perforation）：一个很小的洞。穿孔通常是用模切机械在织物上制成的。

串珠（beading）：串珠通常缝制在织物上作为装饰。

创新者（innovator）：请参阅设计创新者（design innovator）。

垂直整合（vertical integration）：通过直接控制供应、制造、生产、分销和零售的多个阶段来实现利润最大化的一种战略。

次级研究（secondary research）：从现有资源（如书籍、杂志和期刊）中收集的信息。

刺绣（embroidery）：用缝纫技术装饰（embellish）织物表面。

大众市场（mass-market，美国）：请参阅经济型级别（budget）。

单品（separate）：一种产品系列规划方法，着重于设计各种可互相搭配的服装而不是完整的套装，以便为消费者提供更多的款式选择。

单色（monochromatic）：只由一种色相（hue）组成的配色方案。这可能还包括浅色调（tint）和深色调（shade）的使用，或非彩色（achromatic color）。

雕版印花（woodblock printing）：使用雕刻的压印工具将图像印到织物上的一种技术。

调色板（color palette）：设计师挑选的用于服装生产线或系列的各种颜色。

短纤维（staple fiber）：天然存在的纤维或短段生产的纤维，如羊毛和棉花。

发泡趋势（bubble-up trend 或 trickle-up trend）：一种源自亚文化和街头风格的潮流，并被高价位的市场定位所模仿。

法式立体裁剪（moulage，来自法语，意为“造型”）：将织物置于人体模型（form）上进行裁剪，以达到一种能够自我支撑的服装形状并确定服装体积和结构。

反针编织（purl knitting）：一种只使用一种针迹（反针）的编织织物，其面料在两面看起来都相同。

范围板（range board）：将按服装类别分组的完整产品系列进行可视化，包括每件服装的所有配色选项。

防染染色（resist-dyeing）：在织物上涂蜡或化学药品以防止其在某些区域吸收染料的过程。另请参见蜡染色（wax-dyeing）。

纺织品贸易展览会（fabric trade show）：纺织行业的个人和公司的专业展会。大多数纺织品贸易展览会旨在让所有参与的纺织品生产商都能向服装制造商（apparel manufacturer）展示他们的产品和服务。

放置印花（placement print）：一种出现在服装不同部位的印花图案。标语 T 恤就是放置印花的例子。

非彩色（achromatic color）：白色、黑色和灰色调，所有这些都不含色相（hue）。

费尔岛针织（fair Isle）：一种以重复的彩色几何图案为特点的编织。该技术在反面生成水平的纱线股，称为浮线。

分辨率（resolution）：数字图像中每英寸的像素或点的数量。高分辨率的图像（最低为 300 PPI/DPI）能够确保合适的印刷质量，而屏幕分辨率的图像（72 DPI/PPI）更适合数字出版物。

分裂补色（split complementary）：由色轮（color wheel）一侧的一个色相（hue）加上紧挨着它的互补色的两个色相组成的三色方案。

缝纫机（serging machine）[又称哔叽机（Serger）或镶缝机（Overlocker）]：在服饰（apparel）生产中使用的一类机器，用于整理成衣的裁边或组装切缝针织品（cut-and-sew knit）。

服饰（apparel）[又称服装（Clothing）]：覆盖身体的衣服，起保护和装饰作用。

服装（costume）：属于文化群体、社会阶层、职业或民族身份的服装样式，也用于历史风格的讨论。

服装辅料（finding）：一个涵盖构成服装所需的所有元素（外层织物和装饰性点缀除外）的总称。服装辅料包括垫肩、内衬、帆布衬和门襟。

服装试穿（garment fitting）：使用3D数字软件改进现有服装的形状和比例以使其纳入设计系列的过程。

副线（diffusion line）：由制造商（manufacturer）开发并以比其主线品牌便宜的服饰（apparel），或其他与时装有关的产品。

概念（concept）：指导设计开发过程的创新方向或灵感。

概念板（concept board）[又称“灵感板”（Inspiration board）]：用于引导设计过程或系列创意概念的可视化总结。

概念设计（conceptual design）：一种创新方法，专注于为设计和生产过程开发新方法。

高级定制时装（haute couture）：在市场层面专门为一位客户创造和生产的定制设计和定制服饰（apparel）。它经常涉及手工制作方法的广泛使用。高级定制时装源自法语，也可翻译为“高级缝纫”。

高街（high street）[常见于英国，在美国常称为购物中心（Mall）]：这是一个注重便利性的细分市场。在英国主要购物街上能找到的品牌，无论价格水平如何都可以视为高街品牌。

工程印花（表面）[engineered（surfaces）]：印花或装饰的设计要考虑服装的三维形式，以使最终的视觉图案流畅地穿过缝（seam）和省（dart）。

工艺/工艺文件包（specification/spec pack，或 technical/tech pack）：多页文档，旨在传达有关生产目的的所有必要样式信息。

工艺（specification）/**工艺图**（spec drawing）：线条图，有时被认为是款式图（flat drawing）的子类别。工艺图是成比例、准确地显示服装的视图，并且包括细节、内部结构等的特写视图。

工艺绘图（technical drawing）：显示服装细节或功能方面的线条图。

公差（tolerance）：认可的样衣尺寸与在产品生产（production run）过程中装配的同款服装尺寸之间的允许偏差量。

供应链（supply chain）：产品生产和分销中涉及的所有步骤或过程。

构思（ideation）：从一个最初的概念（concept）发展出想法、研究方向和设计可能性的过程。

构图（composition）：用于创建物体或图像的视觉元素的排列。

古着（vintage）：一类有历史的服装，通常不到100年，但仍保持或复兴其风格魅力。

鼓形绷架（tambour）：用于在刺绣（embroidery）过程中将大块织物固定在适当位置的框架。刺绣在高级定制时装（haute couture）中被广泛使用，并且需要专用的钩子而不是常规的缝纫针。

故事板（storyboarding）：通过使用缩略图确定内容和布局元素的位置，使多页演示可视化的过程。

过程记录本（process book）[草图本（sketchbook）]：记录研究调查、设计试验（design experimentation）和设计优化（design refinement）过程的手册、文件夹、盒子或数字文件。

绗缝（quilting）：将两层或多层缝合在一起以形成厚的填充材料的技术。绗缝可以手工或机器完成，并能产生纹理效果。

横纹（cross grain）：在机织布中，这是线与布边成90度角的方向。

横向（landscape orientation）：请参见页面方向（page orientation）。

宏观趋势（macrotrend）[又称大趋势（megatrend）]：指消费者行为在 5 年或更长时间内的广泛变化所表现出来的长期趋势。

后加工（finishing）：对织物进行后加工以完成其生产并使其投放市场。后加工可以是美观的，如印刷和压纹（embossing），也可以是功能性的，如防火和防烫。

后现代主义（postmodernism）：20 世纪中叶发展起来的哲学和艺术运动。后现代主义与自我参照主义、相对主义、多元主义和不敬的观念联系在一起。

互补色（complementary）：由色轮（color wheel）上截然相反的色相（hue）组成的双色组合，如红绿或黄紫。

还原染色（vat-dyeing）：将纱线或织物固定在一个染缸或一盆染料中进行染色的方法。

机号（gauge）：水平编织中每 1 英寸（约 2.5 厘米）的针数。数值根据纱线的粗细、针的大小和针迹的大小而变化。该数值通常用于表示针织材料的重量，其中 30 号非常纤细，7 号非常厚重。

激光切割（laser-cutting）：使用计算机控制的激光蚀刻或切割织物的方法。

几何图案试验（geometric pattern experimentation）：将织物的几何剪裁区域悬垂在人体模型（dress form）上的过程。

间色（secondary color）：由两种原色（primary color）混合而成的色相（hue），如绿色来自蓝色和黄色。

简历（résumé）：对资格、教育和职业经历的简要总结，用于求职。它有时也被称为 curriculum vitae 或 CV。

渐变（ombré）：请参见浸渍染色（dip-dyeing）。

绞花针织（cable knit）: 一种为纬编织物（weft-knitted）增加纹理的技术，通常呈现辫状或螺旋状的外观。

绞染（shibori）：一种扎染技术，起源于日本。

接缝（seam）：在服装结构中，两件衣服用针线连接起来的地方。

结构（construction）：服装各部件组装成成品的方式。

解构（deconstruction）：把衣服拆开的过程，或以故意未完成或未加工的方式制作衣服。

浸渍染色（dip-dyeing）[又称渐变（ombré）]：将染料部分施加到纱线或织物上，主要用于实现颜色渐变。

经编织物（warp knit）：纱线主要沿织物的纵向运动的针织物。

经典（classic）：一种流行并保留了很长时间的样式。牛仔裤是经典样式的一个例子。

经济型级别（budget）[在美国又称大众市场（mass-market）]：价格最低的市场水平。Faded Glory（沃尔玛）、Old Navy和Primark等品牌定位在经济型级别。

经纱（warp）：在机织织物中与织边（selvedge）平行的线。

竞争分析（competitive analysis）: 研究和评估已经在某一特定市场运营的公司的方法。

涓滴趋势（trickle-down trend）：源于高端创新者和时尚创新者（innovator），被低端市场模仿的时尚潮流。

涓流趋势（trickle-across trend）：风格趋势起源于市场中的任何地方，并通过大众传播和敏捷的供应链（supply-chain）管理获得了即时和广泛的普及。

可视化（visualization）：将创意转化为 2D 或 3D 形式。

客户资料（customer profile）：对客户生活方式和审美偏好的可视化。

控制尺寸（control measurement）：提供给承包商的参考尺寸，以确保他们制作的服装符合尺寸标准的要求。

裤（裙）裥（pleating）：一种表面处理，需要对织物进行熨烫以塑出裥形。

跨页（spread）：在一本书中，两页彼此相对。

快时尚（fad）：一种非常迅速和强烈地流行起来，然后同样迅速地消失的趋势。它最有可能吸引青少年消费者。

款式编码（style code 或 style name）：用于标识每种款式的代码，以便在销售、生产、分发和零售期间进行追踪。

款式图（flat drawing）：使用线描技术按比例精确绘制一件衣服的图样，意在传达衣服的精确比例和结构细节。通常在白底用黑色线条画出。

廓形（silhouette）：衣服的整体形状。

拉毛（brushing）：用一系列刷辊改变织物表面的工艺。拉毛织物具有柔软的手感（如法兰绒），在某些情况下还具有高光泽（如磨毛的外衣）。

蜡染色（wax-dyeing）：一种仅使用蜡（而不是化学剂）来防止织物的某些部位被染色的防染染色（resist-dyeing）。

类别（category）: 根据其功能目的或生产过程而定义的服饰（apparel）类别。针织上衣、牛仔、切缝针织品（cut-and-sew knitwear）和外套都是服装类别的例子。

利基（niche）：一个细分的小众市场。

亮片（sequin）：用来装饰衣服的扁平而有光泽的圆片。有些亮片可以被压成多面杯状以增加光泽。“亮片”这个词来源于意大利语 zecchino（一种金属硬币）。

邻近色（analogous）：一种使用色轮（color wheel）上直接相邻的色相（hue）的配色方案。例如，蓝色 + 蓝紫色 + 紫色，或者黄色 + 黄绿色 + 绿色。

灵感板（inspiration board）：请参阅概念板（concept board）。

零售商（retailer）：向最终消费者或用户销售产品的企业。

流行面料（seasonal fabrication）：一种只在一季使用的织物或材料。这些材料传达了本季系列的创意和创新。

流行色（seasonal color 或 fashion color）：在某一服装系列中短时间内使用的颜色。

垄断竞争（monopolistic competition）: 一种竞争战略，旨在传达公司产品或服务的独特感。

媒染剂（mordant）：一种与染料混合的化学物质，可增强其对纤维或其他材料的作用。使用媒染剂可使所得的染色材料更鲜艳且不易褪色。

美好年代（belle époque）：法语中的“美丽时期”，1871 年至 1914 年，见证了欧洲奢华、华丽的时装风格。

面料（fabrication）：通过处理纤维或纱线来制作布料，如毡制、编织和针织等。液基材料是通过固化树脂得到的，如乙烯基和聚氨酯等材料。

模块化设计（modular design）：一种从预定的可用元素库中结合样式和细节的设计方法。

模型（form）：请参阅人体模型（dress form）。

缪斯（muse）：能激发灵感的人，通常被设计师用来增强其创作。缪斯通常是设计师理想的消费者。

喷砂（sandblasting）：对织物和成衣进行的表面研磨处理，使用空气压缩机在材料上喷砂以使其有做旧效果。

批发（wholesale）：将商品出售给零售商（retailer），零售商再卖给消费者。通常，批发价格在零售价格的 1/3~1/2。

坯布（greige good）：未加工的纺织材料，可以根据制造商的要求进行染色、印花或以其他方式加工，以满足消费者的需求。平纹细布（muslin）是用于制作服装样品和原型（mock-up）的坯布。

拼布手艺（patchwork）：一种表面处理技术，需要将多段织物缝在一起以形成面积更大的布料。

拼贴（collage）: 一种创新的设试试验（design experimentation）方法，它基于从研究中提取的不同物品的排列，如织品样品和串珠。

品牌标识（brand identity）：一个品牌通过其外观、产品和服务传达的有凝聚力的信息。

品味（taste）：审美偏好。品味可以是个人的，也可以是社会或文化团体所共有的。

平纹细布 [muslin（美国），在英国称作印花布（calico）]：一种坯布（greige good），通常用未漂白的棉布织成，用于开发服装样品和原型（mock-up）。从轻衬衫到厚帆布，有各种重量的平纹细布。在用平纹细布开发原型时，设计师应选择最能反映其最终织物特性的重量。

平纹细布样机 [muslin prototype，美国，也称为棉质印花布（toile）]：用平纹细布或其他廉价材料制成的服装样品或工作样品。

平纹针织物（jersey）：一种反针和正针交替使用的平针编织法，使每一针脚都能在成品布的一面或另一面看见。

浅色调（tint）: 一种由任何色相（hue) 与白色混合而产生的颜色。这种颜色有时被称为粉彩。

嵌花编织（intarsia）：一种用于生产多色单层织物的工艺。

桥梁级别（bridge，美国）：介于设计师级别（designer）和贝特尔级别（better）之间的市场水平。桥梁级别市场上有维维安 · 韦斯特伍德之红牌和迈克高仕等品牌。

切缝针织品（cut-and-sew knitwear）：以针织面料（如平纹针织物、羊毛和丝绒）的裁剪和拼接为基础的服装类别。

情绪板（mood board）：在服饰（apparel）设计中体现情感交流的视觉展示。

趋势（trend）：一段时间内品味（taste）或审美偏好的变化。

趋势预测（trend forecasting）：通过研究和分析来预测未来走势的方法。

诠释者（interpreter）：请参阅设计诠释者（design interpreter）。

人口特征统计（demographic）：一种基于年龄、性别、地理位置、教育程度或就业情况等可量化数据的消费者研究方法。

人体模型（dress form，又称 form 或 stand）：人体的三维复制品，在立体裁剪和服装开发期间用于代替真人模特。

绒线刺绣（crewelwork）：一种通常用羊毛线绣制的刺绣，17 世纪在英国很流行。

三次色（tertiary color）：由原色（primary color）与间色（secondary color）混合而成的色相（hue），如蓝绿色或红紫色。

三色组（triadic）: 由色轮（color wheel）上均匀分布的三组颜色组成的配色方案，如红 + 蓝 + 黄，黄橙 + 红紫 + 蓝绿。

色彩管理（color management）：确保跨多种媒体和数字工具的颜色一致性的过程。

色轮（color wheel）：一种可视化工具，以圆圈的形式显示色谱中的所有色相。

色相（hue）：原色的特定混合色，如青色（色料三原色）、紫色（间色）或黄橙色（三次色）。任何色相都能作为进一步发展色彩的起点，通过添加白色或黑色，形成基础色的浅色调（tint）或深色调（shade）。

色织织物（yarn-dyed fabric）：由在加工前已染色的纱线制成的机织物或针织物。纯色、提花、条纹和格子面料通常采用色织，以提高颜色的耐久性。

纱线（yarn）：通常是将纤维（fiber）纺（或捻）在一起而形成的线。由合成材料制成的最细的长丝纱线可能是由单根未纺的纤维制成的。

烧花（burnout，美国，也称 devoré）：一种表面装饰技术，将酸性化学物质应用到混合纤维材料上，如丝绒、缎面或平纹针织物。酸会烧掉一部分纤维，但不会烧穿其他纤维，从而形成压花或植绒的表面外观。

设计创新者（design innovator）：不受当前商业趋势限制，能生产创新、具有前瞻性产品的个人、公司或品牌。

设计方法论（design methodology）：创作过程中的一种方法，包括草图（croquis）、拼贴画（collage）、立体裁剪和 3D 建模。

设计模仿者（design imitator）：复制现有样式和趋势以实现利润最大化的公司或品牌。

设计诠释者（design interpreter）：结合市场意识和适度创新来创造产品的公司或品牌。

设计师级别（designer，市场级别）：时装产业中价格最高的成衣（ready-to-wear）级别。设计师级品牌会定期通过秀台展示他们的产品。

设计试验（design experimentation）：设计过程的第二阶段，重点在于创造性地探索概念（concept）和研究所有可能设计和应用。

设计优化（design refinement）：设计处理的最后阶段，集中于款式设计、编辑和最终确定平面图的范围或线条。

社论（editorial）：表达编辑观点的摄影作品或文章。社论摄影通常是为了达到高级的审美价值而设计和拍摄的。

摄影印花（photographic print）：一种使用全光谱颜色的印花。

深色调（shade）：一种通过将任何色相（hue）与黑色混合而成的颜色。

生产运行（production run）：分配给零售商（retailer）所需的产品数量。

生活方式灵感（lifestyle inspiration）：一种关注消费者需求、愿望、习惯或期望的概念（concept）。

省（dart）：在服装构造中，V 形省用来增加某些部位的立体感和体积感，如胸部、背部、肩膀或臀部。

石洗（stonewashing）：通常在牛仔布制造中使用的一种后加工技术，布料或衣服用石洗能获得做旧的外观。

时代精神（zeitgeist）：源自德语。在时装、装饰艺术和其他文化表现形式中，它指代遍及特定区域和时期的美学。

时尚（fashion）：在其鼎盛时期获得暂时性流行和广泛使用的一种风格，此后不久便被另一种风格所取代。该术语可以指服饰、音乐、食物或任何其他消费品。它也通常被用作最流行的着装风格的代名词。

时装画（fashion illustration）：对时尚外观进行艺术化、编辑化的视觉呈现。

实物模型（mock-up）[也称为样品原型（sample prototype）]：使用平纹细布或其他廉价面料对服装细节或服装的一部分进行试制，目的是确定技术要求并评估设计可行性。

世代群组（generational cohort）：出生于特定时期（一代）有共同消费行为的群体。

市场级别（market level）[又称市场细分（market segment）]：时装产业的一个子类别，通常由生产和销售商品的价格来定义。

市场开放（market opening）：现有公司目前没有涉足的市场领域。

数字建模（digital draping）：各种将设计可视化的数字方法。

数字印花（digital printing）：一种利用计算机将数字图像直接印到织物上的印花技术。

双层针织（double knit）：通常是指一种同时将两根不同颜色的线编织为较厚的、多色的最终织物的技术。

双互补色（double complementray）：由两组补色组成的四色方案。

丝网印花（screen printing，也称为丝网印刷）：一种印花技术，其中图像通过模版施加到织物或底层上，该模版由细网或丝网固定在适当的位置。

思维导图（mind mapping）：用于记录头脑风暴产生的想法。它以一个中心为出发点，并按照线性和集群安排组织思想。

塔克（tucking，又称 pintucking）：一种表面处理技术，通过缝制褶皱以产生波纹效果。

提花（jacquard）：一种机械化的编织技术，可产生复杂的编织图案，能够在织物上实现复杂的多色图案。

提花垫纬凸纹车缝（trapunto）：绗缝（quilting）的一种，它使用较多的填充物、纤维填充物或绳来实现较厚的凸起表面。

贴花（appliqué）：将织物装饰部分附着到基础材料上的工艺。贴花被视为装饰（embellishment）的一个子分类。

图形印花（graphic print）：一种印花图案，通常由几种明显的色块组成。

纬编织物（weft knit）：纱线主要沿织物的横向运动的针织物。

纬纱（weft）：在机织织物中与织边（selvedge）垂直的线。

纬线（course）：纬编织物（weft knit）上水平的一排针迹。

纹理（grain）：通常是指编织物中纵向线的方向。它是平行于布边（selvedge）的最稳定的方向。

纤维（fiber）：构成纺织材料的最小成分。纤维可以来自天然（如丝绸、棉、羊毛或亚麻），也可以人造（如人造丝、聚酯、尼龙）。

线圈纵行（wale）：纬编织物（weft knit）中针迹垂直排列的情况。

消费（consumption）：购买日常生活中所使用的商品和服务的行为。

消费者细分（consumer segmentation）：将消费者分为较小的群体。

销售（merchandising）：促进商品销售的活动，通常包括品牌及其产品的促销和视觉展示。销售团队通常负责向设计团队提出建议：哪些产品应该包括在产品线中，哪些产品不包括在产品线中。

社论时装画，娜塔莎·凯卡诺维奇。

斜裁（bias）：与布边呈 45 度角的对角线裁剪。

心理变数（psychographic）：基于收集定性信息（如偏好、价值和品味）的消费者研究过程。

型录（lookbook）：为显示已完成样品服装的款式图而制作的印刷或数字图册。

叙事主题（narrative theme）：一种专注于讲故事的概念类型。叙事主题通常从地点、环境、时间段或特定文化中获得创意灵感。

渲染草图（rendered croquis）：使用先进的视觉渲染技术和媒介来完善草图，准确传达外观。渲染的草图主要用在演示组合（lineup）中。它们有时被错误地与时装画（fashion illustration）混淆。

压纹（embossing）：将凸版压入材料以改变表面的工艺。

压皱（crushing）：一种表面处理方法，需要对织物中的一些随机褶皱进行热定型。压皱的天鹅绒不仅会产生折痕，还会使绒毛随机变平，从而使织物看起来“破碎”。

研究调查（research investigation）：设计过程的第一阶段，着重于从原始研究中提取鼓舞人心的创意元素。

颜色条（color bar）：一个服装生产线或系列的颜色可视化，经过平衡以反映每种颜色的比例。

样布（sample yardage 或 sample cut）：服饰（apparel）制造商从纺织厂订购的一段织物，专门用于生产原型服装，也称为秀场或销售样品。

页面方向（page orientation）：页面或图像的格式。水平边缘较长的被称为横向（landscape），边缘垂直较长的则被称为纵向（portrait）。

原色（primary color）：蓝色、红色和黄色。这些颜色可以以各种组合进行混合，以形成色轮（color wheel）上的所有其他色相（hue）。

扎染（tie-dyeing）：将织物系紧或置于压力下以使某些区域不会吸收染料的工艺。

造型（styling）：整理服装、配饰、发型和化妆等造型元素的过程，以创建具有凝聚力的品牌信息，并揭示系列展示或社论（editorial）摄影背后的故事。

展示品（showpiece）：在 T 台展示中为创造视觉冲击力而设计的服装。展示品可以强化品牌叙事，吸引媒体注意，但往往过于复杂，不适合商业生产和分销。

褶裥（smocking）：一种表面处理技术，将折叠的织物缝在一起以创建带纹理的表面。褶裥通常与乡村风格或民族服饰风格以及儿童服装联系在一起。

褶饰（ruching）［碎褶（gathering）或装饰性的褶带（shirring）］：一种表面处理技术，通过使用松紧带或疏缝将织物弄皱或揉皱在一起。

制造商（manufacturer）：创造新产品并销售给零售商（retailer）的企业。在这种情况下，出售的产品称为批发（wholesale）商品。

中等级别（moderate，美国）：介于贝特尔级别（better）和经济型级别（budget）之间的市场水平。Gap 和 Zara 等品牌运营在中等级别市场上。

中厚面料织物（bottom-weight fabric）：适合做裤子但不适合做西装外套的材料，包括斜纹棉布、牛仔布、灯芯绒等。

中世纪（middle ages）：西方历史上的一段时期，从罗马帝国的结束（约公元 400 年）到文艺复兴的开始（约公元 1400 年）。

主要面料（staple fabrication）：一种织物或材料，在服装系列中多次且长时间出现。这些材料很可能会产生稳定的销售。

主要颜色（staple color）：一段时间内在服装系列中反复使用的颜色。中性色和非彩色（achromatic color）是常用的主要颜色。

装饰（embellishment）：用于美化织物的一系列装饰技术。刺绣（embroidery）、串珠（beading）、贴花（appliqué）和亮片（sequin）都是各种形式的装饰品。

装饰（trim）：服装结构中用于装饰的元素，如缎带、贴花（appliqué）和门襟（用作装饰时）。

着装（dress）：人们用来保护和装饰人体的所有物品和做法的总称，其中包括服装、珠宝、化妆品和鞋类。

字体排印（typography）：数字或印刷品中字母和单词的样式和外观。

纵向（portraitorientation）：请参见页面方向（page orientation）。

组合（lineup）：一组服装的可视化，显示为一系列草图（croquis）或并排放置的渲染草图（rendered croquis）。

作品集（portfolio）：编辑过的设计师作品的展示。

Fashion materials and their common uses

时装材料及其常规使用

时装产业中的面料和材料通常按标准分类，这有助于设计师确定每种面料和材料应如何应用于特定的服装类别。遵循相关准则可以确保设计师的产品与市场上已有的所有其他产品保持一致。

Use-based Groupings

基于使用的分类

织物通常以其主要用途来指称，但是设计师仍然可以根据需要将其用于其他服装类别。

衬衫（shirting）：用于机织（纽扣式）衬衫和女衬衫。衬衫可以进一步细分为轻、中、重三类，这为可能的季节性使用提供了进一步的指导。

中厚面料织物（bottom-weight fabric）：用于裤子、短裤和裙子。有时，轻质织物也可用于制作休闲夹克。

西装（suiting）：西装面料（上衣和裤子或裙子）。西装被进一步按照重量分类，从最轻的薄型重量（适合夏季）到重量级的西服（最适合冬季剪裁）。中等重量的西装适合在商务环境中全年穿着。

夹克（jacketing）：用于制造运动夹克、夹克或运动外套，通常太重而无法用于制作裤子。

外套（coating）：用于雨衣和女式上衣等外套。

大衣（overcoating）：许多人都认为大衣是外套的一个子类别，大衣通常专门用于量身定制的轻便外套和大衣。

16N 2019 秋季系列的外观，采用了多种重量的面料。

Weight-based Groupings

基于重量的分类

为了使面料的分类过程标准化，许多制造商不是根据面料的建议用途（见 197 页），而是根据面料的重量来分类的。重量以盎司 / 平方码（oz/yd^2）或克 / 平方米（gsm 或 g/m^2）为单位测量。这与布料的物理特性有关，而不是与其预期用途有关，因此对设计者来说限制就更少了。

面料重量换算表

g/m^2	oz/yd^2
50	1.47
60	1.77
70	2.06
80	2.36
90	2.65
100	2.95
110	3.24
120	3.54
130	3.83
140	4.13
150	4.42
160	4.72
170	5.01
180	5.31
190	5.60
200	5.90
210	6.19
220	6.49
230	6.78
240	7.08
250	7.37
260	7.67
270	7.96
280	8.25
290	8.55
300	8.84
310	9.14
320	9.43
330	9.73
340	10.02
350	10.32
360	10.61
370	10.91
380	11.20
390	11.50
400	11.79
410	12.09
420	12.38
430	12.68
440	12.97
450	13.27
460	13.56
470	13.86
480	14.15
500	14.74
510	15.04
520	15.33
530	15.63
540	15.92
550	16.21
560	16.51

要将 g/m^2 度量单位转换为 oz/yd^2，请将该数字乘以 0.02948。

要将 oz/yd^2 度量单位转换为 g/m^2，请将该数字乘以 33.92。

对面：一家纺织厂的织布机。

Croquis and flat templates

草图和款式图模板

女装草图模板

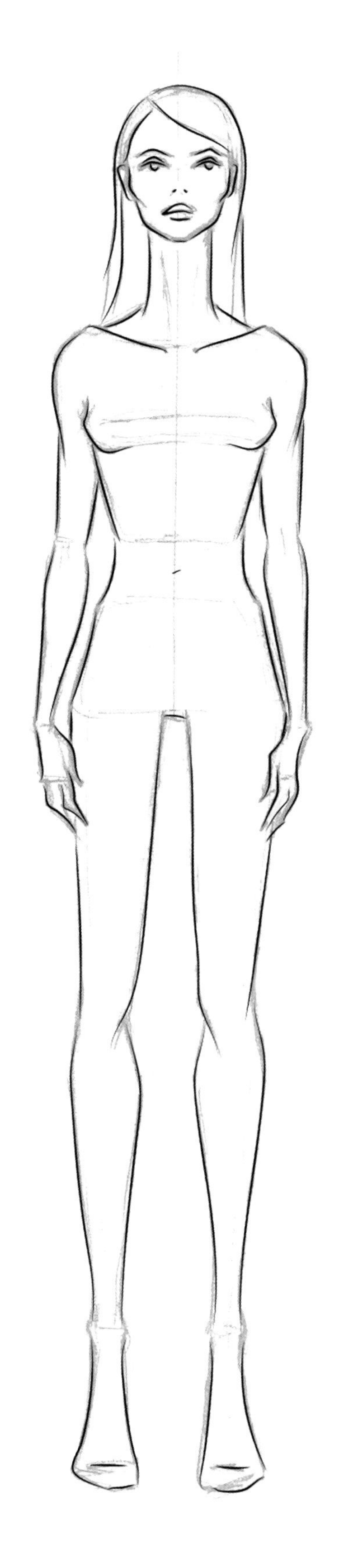

男装草图模板

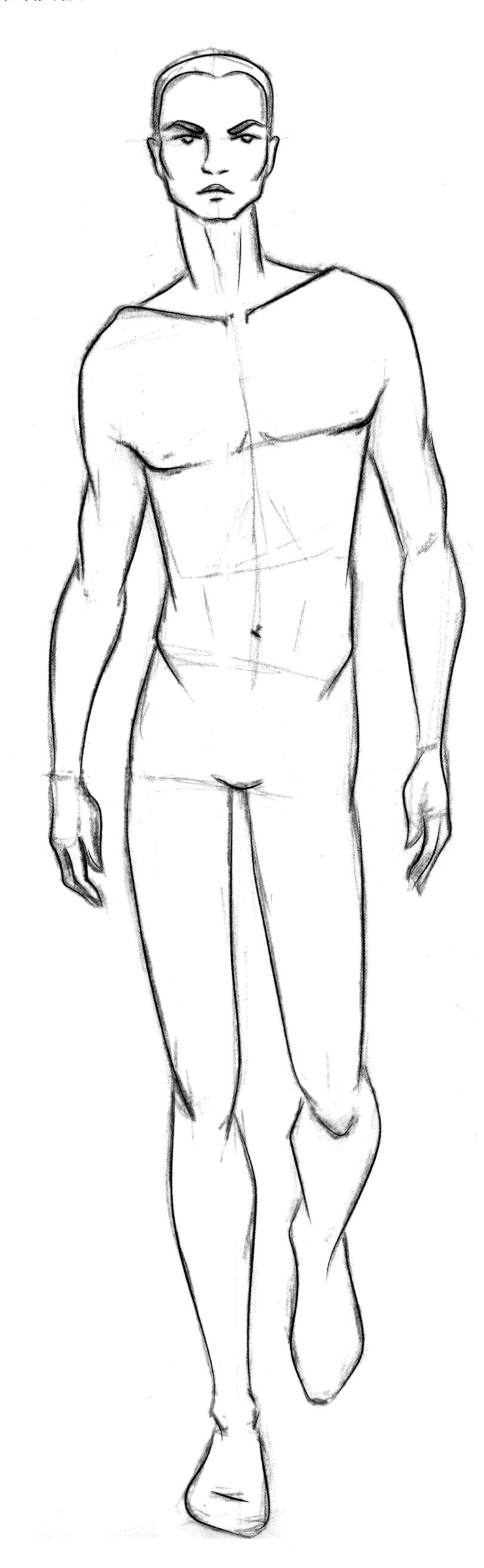

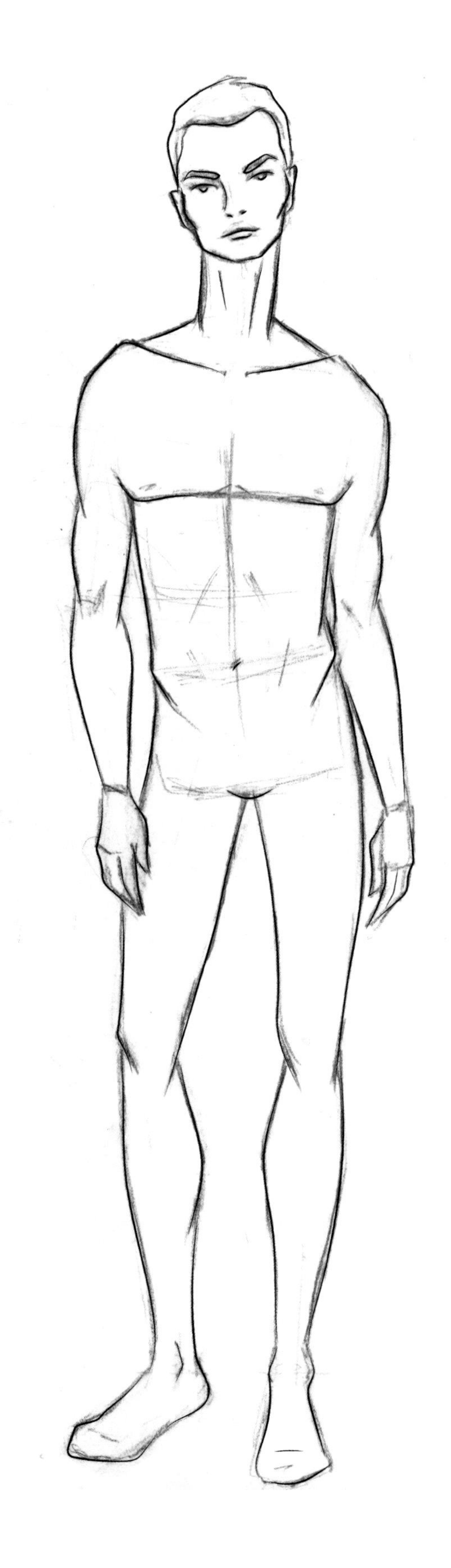

孕妇和大码草图模板

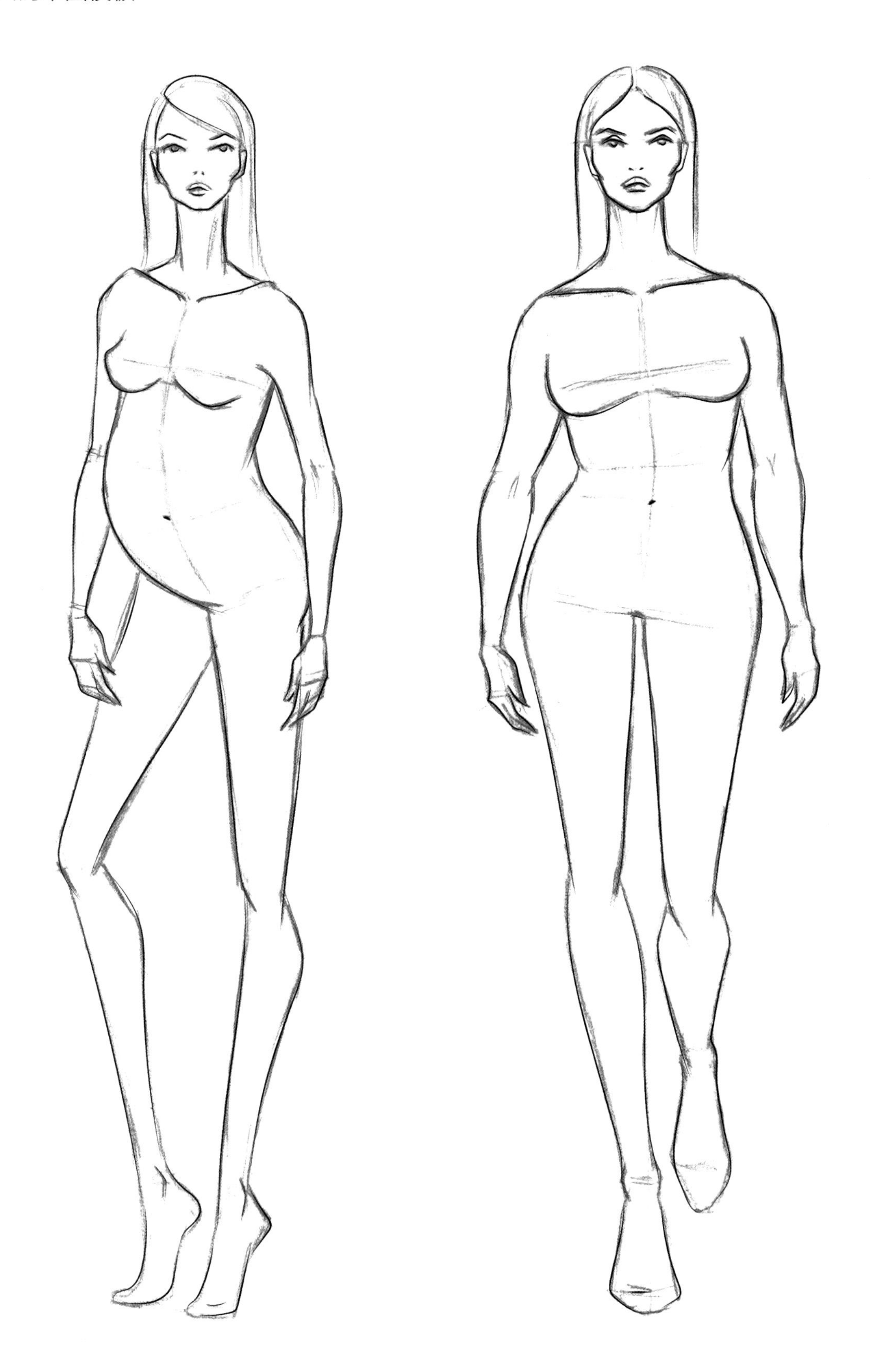

童装草图模板

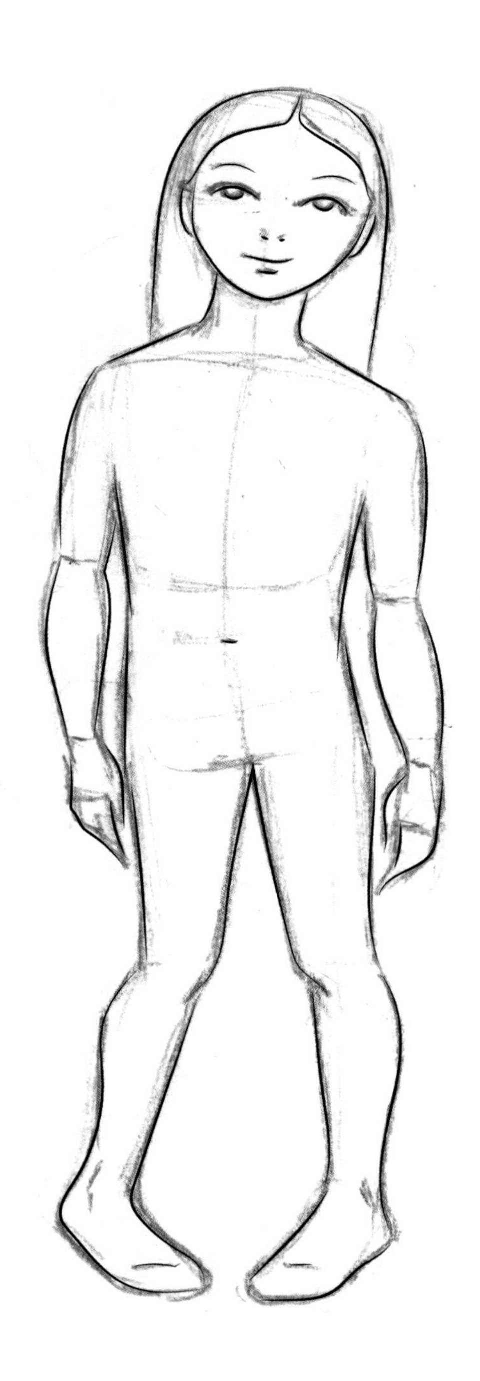

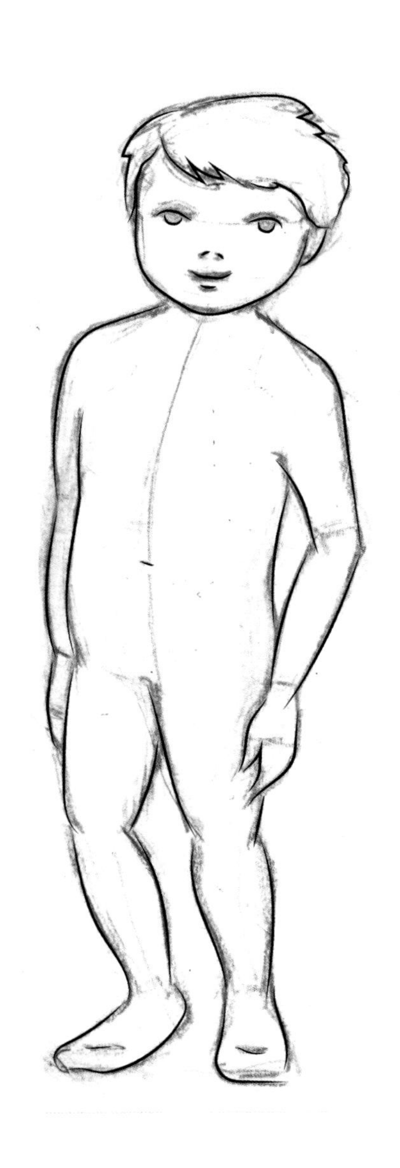

款式图模板

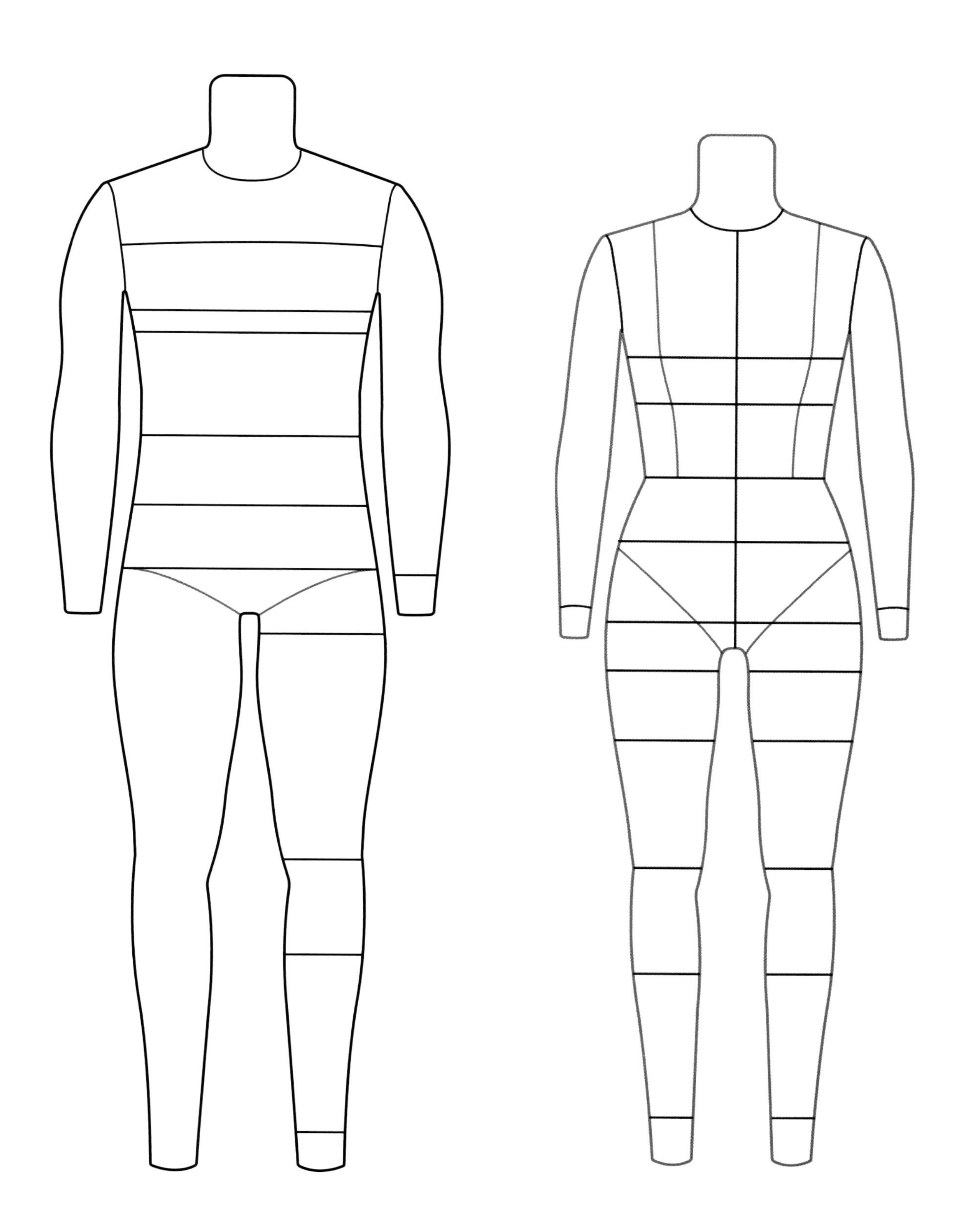

款式图参考库

蕾丝边饰长款胸罩

T 恤衫

针织上衣

前拉链紧身裤

和服

串珠泳衣

手帕式下摆裙
气球形裙
超大号男友衬衫
高腰长裤
工装裤
牛仔裤

两层吊带裙
有褶边的酒会礼服
农妇裙
狩猎裙装
百褶长连衣裙
美人鱼裙配欧根纱披肩

绞花针织毛衣

宽松大圆领套头衫

褶皱领切缝针织上衣

带有装饰布贴的机车夹克

面包服

毛边饰大衣

多层有孔的皮制短夹克

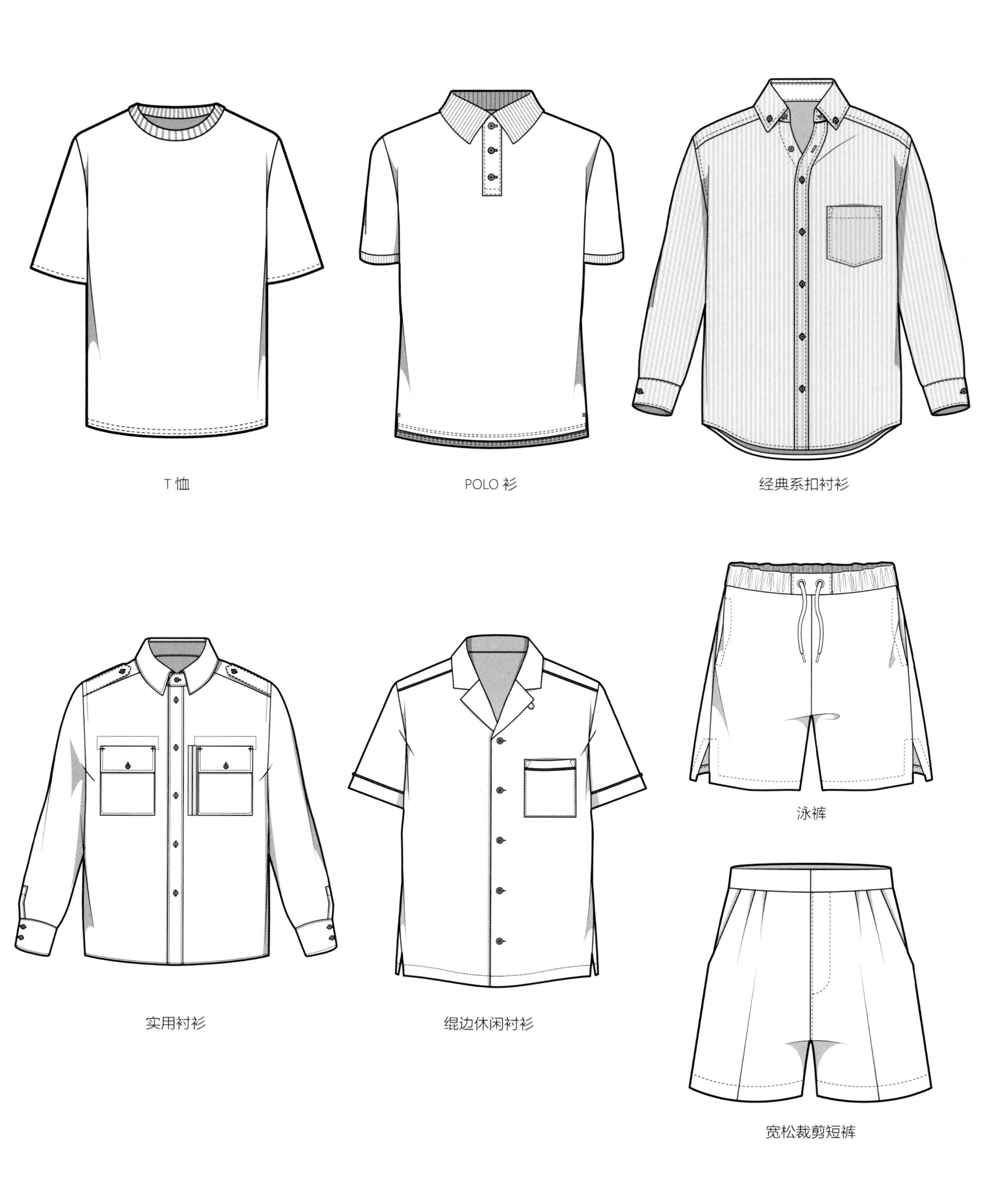
T 恤
POLO 衫
经典系扣衬衫
实用衬衫
绲边休闲衬衫
泳裤
宽松裁剪短裤

连帽卫衣　　羊毛衫　　V 领绞花针织毛衣

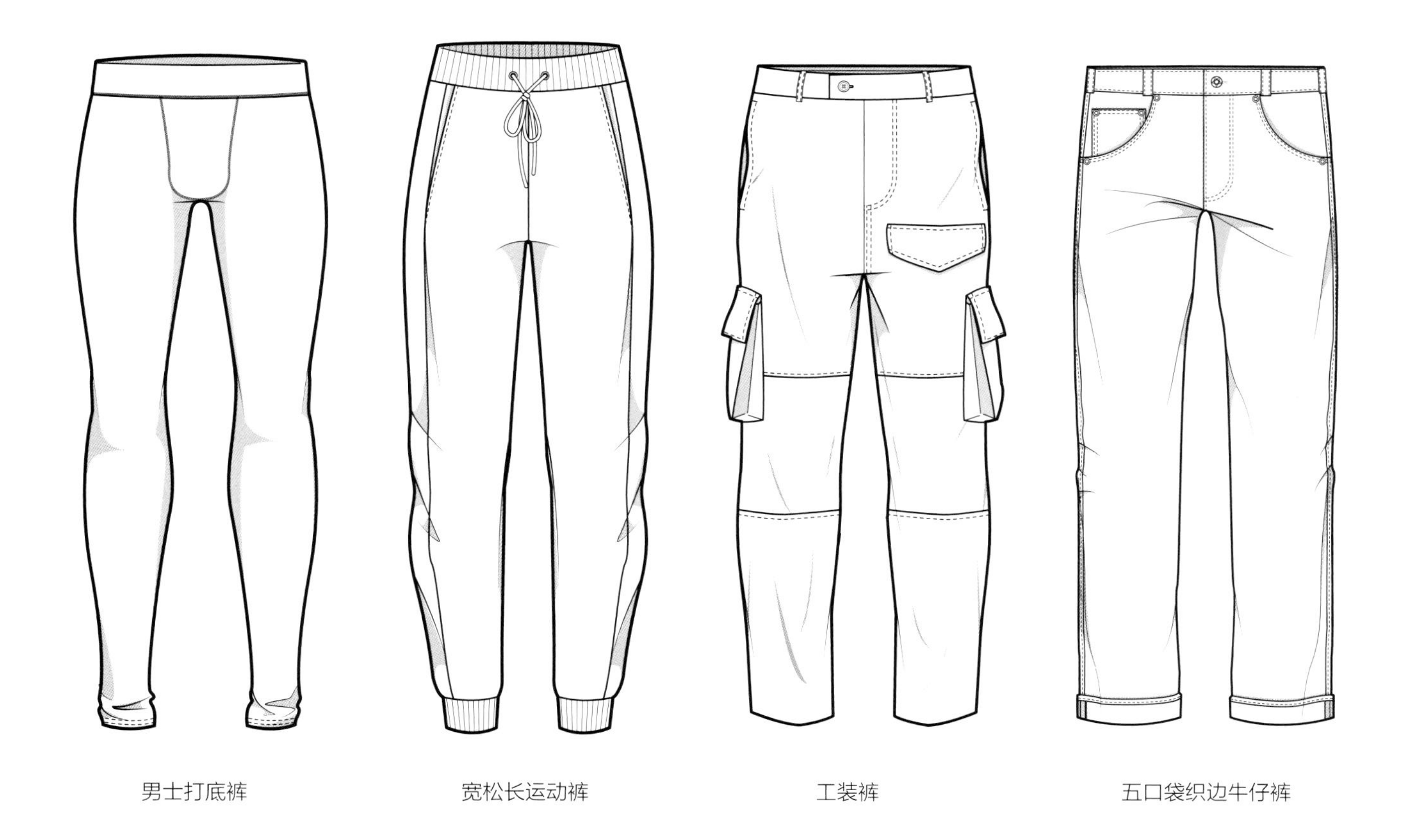

男士打底裤　　宽松长运动裤　　工装裤　　五口袋织边牛仔裤

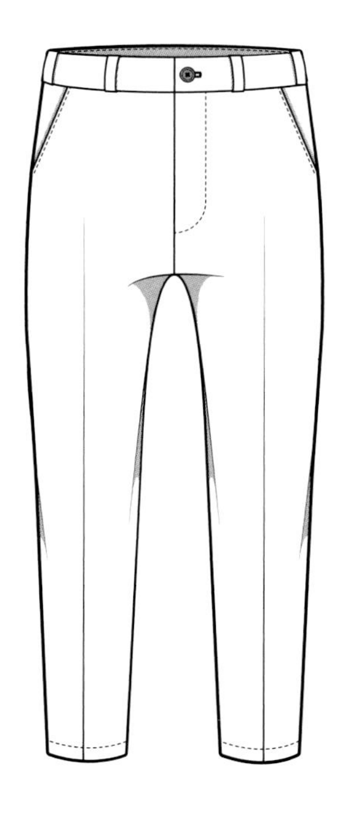

小裤脚裤

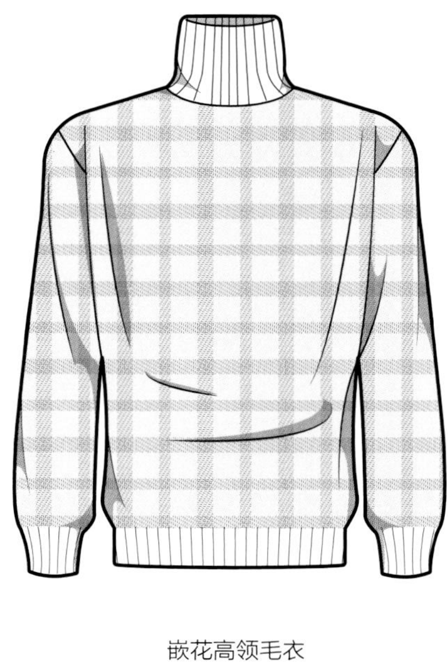

嵌花高领毛衣

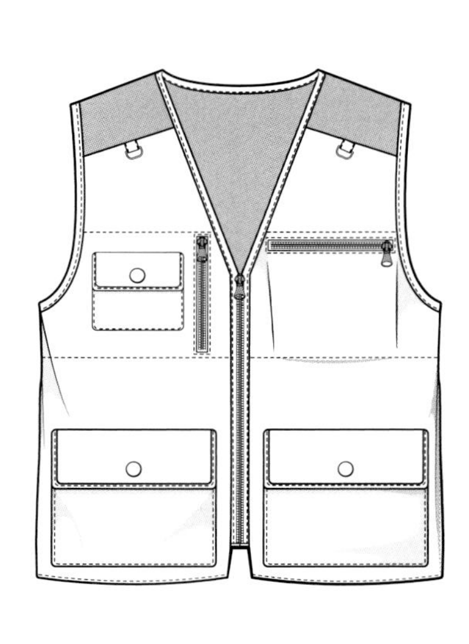

多功能实用马甲

细条纹双排扣外套

半衬里解构花呢外套

修身单排双扣外套

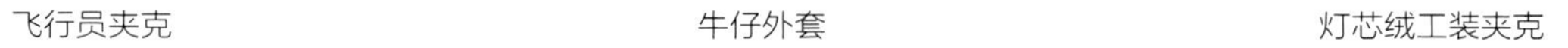

飞行员夹克　牛仔外套　灯芯绒工装夹克

派克大衣　双排扣风衣

Useful resources

实用资源

Fashion and Costume Research

时装与服饰研究

博物馆

Balenciaga Museum – Getaria, Spain
Bata Shoe Museum – Toronto, Canada
Christian Dior Museum and Garden – Granville, France
Fashion Museum – Bath, U.K.
FIDM (Fashion Institute of Design & Merchandising) Museum and Galleries – Los Angeles, California, U.S.A.
Fondation Pierre Bergé–Yves Saint Laurent – Paris, France
Gucci Museum – Florence, Italy
Kent State University Museum – Kent, Ohio, U.S.A.
Kobe Fashion Museum – Kobe, Japan
Kyoto Costume Institute – Kyoto, Japan
Les Arts Décoratifs – Paris, France
Metropolitan Museum of Art (Costume Institute) – New York City, New York, U.S.A.
ModeMuseum (MoMu) – Antwerp, Belgium
Museo de la Moda – Santiago, Chile
Museo Frida Kahlo – Mexico City, Mexico
Museo Salvatore Ferragamo – Florence, Italy
Museum at FIT (Fashion Institute of Technology) – New York City, New York, U.S.A.
Museum of Bags and Purses (Tassenmuseum Hendrikje) – Amsterdam, The Netherlands
Museum of Fine Arts and Lace (Musée des Beaux-Arts et de la Dentelle) – Alençon, France
Palais Galliera – Paris, France
Palazzo Fortuny – Venice, Italy
SCAD FASH (Savannah College of Art and Design Museum of Fashion) – Atlanta, Georgia, U.S.A.
Simone Handbag Museum – Seoul, Republic of Korea
Victoria and Albert Museum – London, U.K.

杂志

这个列表包括了现在发售的和已经停止发售的时尚期刊，所有这些都可以成为时装研究的宝贵资源。

7th Man – U.K.
10 Men – U.K.
Allure – U.S.A.
An an – Japan
AneCan – Japan
Another – U.K.
Another Man – U.K.
Arena Homme + – U.K.
Asian Woman – U.K.
Burda Style – Germany
Café – Sweden
CanCam – Japan
Classy – Japan
Cliché – U.S.A.
Complex – U.S.A.
Cosmode – Japan
Cosmopolitan – U.S.A.
Crash – France
Darling – U.S.A.
Dazed & Confused – U.K.
Details – U.S.A.
Egg – Japan
Elle – France and India
Esquire – U.S.A.
Fantastic Man – Netherlands
Fashion – Canada
Fashion Central – Pakistan
Fashion Forward – Israel
Femina – Denmark, Indonesia, and India
FHM India – India
Flaunt – U.S.A.
FRUiTS – Japan
Fucsia – Colombia
Fujin Gaho – Japan
GQ – U.S.A.
Grazia – Italy and India
Grind – Japan
Happie Nuts – Japan
Harper's Bazaar – U.S.A.
i-D – U.K.
InStyle – U.K. and U.S.A.
JJ – Japan
Koakuma Ageha – Japan
L'Officiel – France
L'Officiel Hommes – France

L'Uomo Vogue – Italy
Look – U.K.
Lucire – New Zealand
Lucky – U.S.A.
LTST – U.K.
Marie Claire – France
Men's Non-no – Japan
Men's Vogue – U.S.A.
Modelatude – India
Model Bank – Dubai
nicola – Japan
No Tofu – U.S.A.
Non-no – Japan
Numéro – France
Numéro Homme – France
Nylon – U.S.A.
Nylon Guys – U.S.A.
Olivia – Finland
Oyster – Australia
PAPER – U.S.A.
Pinky – Japan
Pop – U.K.
Popeye – Japan
PopSister – Japan
Popteen – Japan
Purple – France
Ranzuki – Japan
Schön! Magazine – U.K.
Seventeen – Japan and U.S.A.
Sneaker Freaker – Australia
So-en – Japan
Teen Vogue – U.S.A.
V – U.S.A.
VMAN – U.S.A.
Verve – India
Vestoj – France
Vivi – Japan
Vogue – China, France, India, Italy, U.K., and U.S.A.
Vogue Hommes International – France
Vogue Knitting – U.S.A.
W – U.S.A.

Trends and Consumer Behavior

趋势和消费者行为

趋势预测

www.edelkoort.com
www.fashionsnoops.com
www.trendcouncil.com
www.trendstop.com
www.wgsn.com

消费者和市场研究

The Business Research Company
Euromonitor International
Global Industry Analysts
GlobalInfoResearch
IMARC Services Pvt. Ltd.
LP Information Inc.
MarketLine
QYResearch Group
TechNavio – Infiniti Research Ltd.
Textiles Intelligence

Academic Journals

学术期刊

Clothing and Textile Research Journal
Costume: The Journal of the Costume Society
Critical Studies in Men's Fashion
Fashion Practice: The Journal of Design, Creative Process & the Fashion Industry
Fashion, Style and Popular Culture
Fashion Theory: The Journal of Dress, Body & Culture
Film, Fashion and Consumption
International Journal of Fashion Studies
Luxury: History, Culture, Consumption
Textile History

Further Reading

延伸阅读

Africa Rising: Fashion, Design and Lifestyle from Africa by Robert Klanten et al. (Gestalten, Berlin, 2016)

CAD for Fashion Design and Merchandising by Stacy S. Smith (Fairchild Books, New York, 2012)

The Chronology of Fashion: From Empire Dress to Ethical Design by N.J. Stevenson (A&C Black, London, 2011)

Creative Fashion Design with Illustrator® by Kevin Tallon (Batsford, London, 2013)

Design Your Fashion Portfolio by Steven Faerm (Bloomsbury, London, 2011)

Drawing Fashion: A Century of Fashion Illustration by Joelle Chariau, Colin McDowell, and Holly Brubach (Prestel Verlag, Munich, 2010)

Fashion Design by Elizabeth Bye (Berg, Oxford, 2010)

Fashion Design by Sue J. Jones (Laurence King Publishing, London, 2011)

Fashion Design Course by Steven Faerm (Barron's, Hauppauge, NY, 2010)

Fashion Design: The Complete Guide by John Hopkins (AVA Publishing SA, Lausanne, 2012)

Fashion Design Research by Ezinma Mbonu (Laurence King Publishing, London, 2014)

Fashion Drawing Course: From Human Figure to Fashion Illustration by Juan Baeza (Promopress, Barcelona, 2014)

Fashion Drawing: Illustration Techniques for Fashion Designers by Michele W. Bryant (Laurence King Publishing, London, 2016)

Fashion: A History from the 18th to the 20th Century: The Collection of the Kyoto Costume Institute by Akiko Fukai et al. (Taschen Bibliotheca Universalis, Köln, 2015)

Fashion Illustration & Design: Methods & Techniques for Achieving Professional Results by Manuela Brambatti and Lisa K. Taruschio (Promopress, Barcelona, 2017)

Fashion Illustration by Fashion Designers by Laird Borrelli (Chronicle Books, San Francisco, 2008)

Fashion Thinking by Fiona Dieffenbacher (AVA Publishing, London, 2013)

Fashion: A Visual History from Regency & Romance to Retro & Revolution by N.J. Stevenson (St Martin's Griffin, New York, 2012)

The Fine Art of Fashion Illustration by Julian Robinson and Gracie Calvey (Frances Lincoln, London, 2015)

The Fundamentals of Fashion Design by Richard Sorger and Jenny Udale (Bloomsbury Visual Arts, New York, 2017)

Groundbreaking Fashion: 100 Iconic Moments by Jane Rocca and Juliet Sulejmani (Smith Street Books, Melbourne, 2017)

Knit: Innovations in Fashion, Art, Design by Sam Elliott (Laurence King Publishing, London, 2015)

Pattern Magic by Tomoko Nakamichi (Laurence King Publishing, London, 2010)

Pattern Magic 2 by Tomoko Nakamichi (Laurence King Publishing, London, 2011)

Pattern Magic 3 by Tomoko Nakamichi (Laurence King Publishing, London, 2016)

Pattern Magic: Stretch Fabrics by Tomoko Nakamichi (Laurence King Publishing, London, 2012)

Patternmaking by Dennic C. Lo (Laurence King Publishing, London, 2011)

Patternmaking for Fashion Design by Helen J. Armstrong (Pearson, London and New Delhi, 2014)

Patternmaking for Menswear by Gareth Kershaw (Laurence King Publishing, London, 2013)

Print in Fashion: Design and Development in Fashion Textiles by Marnie Fogg (Batsford, London, 2006)

Sewing for Fashion Designers by Anette Fischer (Laurence King Publishing, London, 2015)

Textile Futures: Fashion, Design and Technology by Bradley Quinn (Berg, New York and Oxford, 2010)

Zero Waste Fashion Design by Timo Rissanen and Holly McQuillan (Fairchild Books/Bloomsbury Publishing, London, 2016)

Picture credits

图片来源

4 Constance Blackaller; 6 Ashley Kang; 8 Juan Hernandez/Moment/Getty Images; 10 Vostok/Moment/Getty Images; 11a Mark Hann/RooM/Getty Images; 11b Kevin Weston/EyeEm/Getty Images; 12 Interfoto/Alamy Stock Photo; 13 Wikimedia Commons; 14l bpk/Bayerische Staatsgemaeldesammlungen/Sammlung HypoVereinsbank, Member of UniCredit/Scala, Florence; 14r Library of Congress, Cabinet of American Illustration; 15 Moviestore Collection/Shutterstock; 16 Granger Historical/Alamy Stock Photo; 18al Photo © Museum of Fine Arts, Boston. All rights reserved. Gift of Mrs Hugh D. Scott/Bridgeman Images; 18ac Granger/Shutterstock; 18ar Scainoni/Shutterstock; 18cl The Stapleton Collection/Bridgeman Images; 18c The Metropolitan Museum of Art, New York. Gift of Madame Madeleine Vionnet, 1952. Photo The Metropolitan Museum of Art/Art Resource/Scala; 18cr Horst P. Horst/Condé Nast via Getty Images; 18bl Museum of Fine Arts, Houston, Texas. Gift of Janie C. Lee/Bridgeman Images; 18bc ullstein bild/akg-images; 18br AGIP/Bridgeman Images; 19al The Metropolitan Museum of Art, New York. Gift of Faye Robson, 1993. Photo The Metropolitan Museum of Art/Art Resource/Scala; 19ar Zuma Press, Inc/Alamy Stock Photo; 19cl David Dagley/Shutterstock; 19c Giovanni Giannoni/Penske Media/Shutterstock; 19cr Mark Large/Daily Mail/Shutterstock; 19bl Los Angeles County Museum of Art. Digital Image © Museum Associates/LACMA. Licensed by Art Resource, NY/Scala; 19br Ken Towner/Evening Standard/Shutterstock; 20a Werner Dieterich/ImageBroker/Shutterstock; 20b Ed Reeve/View/Shutterstock; 21a WWD/Shutterstock; 21b Cultura Creative/Alamy Stock Photo; 22l & r Pixelformula/Sipa/Shutterstock; 23a taniavolobueva/Shutterstock; 23b Sorbis/Shutterstock; 24l Estrop/Getty Images; 24r Swan Gallet/WWD/Shutterstock; 25 Stanislav Samoylik/Shutterstock; 27a Roberto Westbrook/Getty Images; 27b K M Asad/LightRocket via Getty Images; 29 Yoshikazu Tsuno/AFP/Getty Images; 30 Courtesy Christopher Raeburn. Photo: Darren Gerrish; 31ar Courtesy Christopher Raeburn; 31b & l Courtesy Christopher Raeburn. Photo Jean Vincent-Simonet; 32 Frederic Bukajlo Frederic/Sipa/Shutterstock; 33 Courtesy of The Advertising Archives; 34 Imagine China/Shutterstock; 35l David Fisher/Shutterstock; 35r Courtesy Brunello Cucinelli; 36 Grant Smith/VIEW/Alamy Stock Photo; 37 Sergei Ilnitsky/EPA-EFE/Shutterstock; 38al Paul Hartnett/PYMCA/Shutterstock; 38ar Startraks/Shutterstock; 38b oneinchpunch/Shutterstock; 39 Courtesy of The Advertising Archives; 41a Photographee.eu/Shutterstock; 41b Eugenia Loli; 41c Elena Rostunova/Shutterstock; 42 Melodi Isapoor; 43a, 44 Première Vision, Paris; 43b andersphoto/Shutterstock; 45al Pixelformula/SIPA/Shutterstock; 45b Courtesy Fashion Revolution, 2019 Campaign, shot by Lulu Ash; 45c Shutterstock; 46l Pixelformula/Sipa/Shutterstock; 46c WWD/Shutterstock; 46r Romuald Meigneux/Sipa/Shutterstock; 47 Denis Antoine; 48a Snap/Shutterstock; 48b Sipa/Shutterstock; 49 Ludovic Maisant/hemis.fr/Alamy Stock Photo; 50l & r Pixelformula/Sipa/Shutterstock; 51 Photo Hong Jan Hyung; 52 Alexia Stok/ WWD/Shutterstock; 53 zhu difeng/Shutterstock; 54–55 Courtesy Eudon Choi Ltd; 56 Photo Arden Wray; 57, 58l Antonello Trio/Getty Images; 58r Ariana Arwady; 59 Marina Hoermanseder. Photo Andreas Waldschuetz; 61 Denis Antoine; 62 Uwe Kraft/imageBroker/Shutterstock; 65 FashionStock.com/Shutterstock; 67, 68 Denis Antoine; 70 Pixelformula/Sipa/Shutterstock; 71 Giulia Hetherington; 72l Courtesy of David Kordansky Gallery, Los Angeles. Photo Fredrik Nilsen; 72r United Archives/Alamy Stock Photo; 73l Library of Congress, C. M. Bell Studio Collection; 73r Georgia O'Callaghan/Shutterstock; 74 Gabriel Villena; 76 London News Pictures/Shutterstock; 79a Denis Antoine; 81a & b, 82c Première Vision, Paris; 82a Leonardo Munoz/EPA-EFE/Shutterstock; 82b Combyte Textile; 83 Tom Stoddart/Getty Images; 84 Emily Shur/AUGUST; 88 Courtesy Studio Gemakker; 89 Fairchild Archive/Penske Media/Shutterstock; 90 Jun Sato/WireImage/Getty Images; 92l Courtesy LindyBop.co.uk; 92r Ovidiu Hrubaru/Shutterstock; 93 Denis Antoine; 94 Courtesy Delpozo Moda SA; 96 Fairchild Archive/Penske Media/Shutterstock; 98 Photo Alex Fulton/AlexFultonDesign.co.nz; 99 Ray Tang/Shutterstock; 100 Moni Frances for Boryana Petrova; 101 Camera Press; 102 Chen Jianli/Xinhua/Alamy Live News; 103 Shutterstock; 104, 107c Courtesy Delpozo Moda SA; 106 Jodie Ruffle; 107l Jessica Grady, jessicagrady.co.uk; 107r Christophe Petit Tesson/EPA/Shutterstock; 108 Courtesy FDMTL, fdmtl.com; 109 Constance Blackaller; 110 Martijn van Strien. Photo Imke Ligthart; 111 Pixelformula/Sipa/Shutterstock; 112a, 113a Courtesy Holly Fulton; 112 Chris Moore/Catwalking; 113b Courtesy Holly Fulton. Photo Morgan O'Donovan; 114 Mengjie Di; 116 Ashley Whitaker; 117 Fate Rising; 118a Fiorella Alvarado; 118b, 121 Jousianne Propp; 119 Brooke Benson via @est_invisible; 120 Amie Edwards; 122l & r Mengjie Di; 123 Elyse Blackshaw; 124 Fairchild Archive/Penske Media/

Shutterstock; 126 Photographed at a draping course by Danilo Attardo; 127al Amanda Henman. Senior Thesis Collection, BFA Fashion at SCAD; 127ar Amanda Henman; 127b Ariana Arwadyn; 128l Design created by Victoria Lyons, Leeds College of Art, 2015; 128r Davide Maestri/WWD/Shutterstock; 130l Daniel Vedelago; 130r Denis Antoine; 131 Courtesy Hold.com; 132 Pixelformula/Sipa/Shutterstock; 133 Courtesy Aitor Throup Studio, aitorthroup.com; 134 Caryn Lee; 135 Amanda Henman; 136 Jousianne Propp; 137 Denis Antoine; 138 Marina Meliksetova/Mélique Street; 139 Eva Boryer; 140a @Steve Benisty; @Whitewall.art; 140b, 141l & r @CucculelliShaheen; 142 Gabriel Villena; 143 Jousianne Propp; 145 Denis Antoine; 146l Shutterstock; 146r Amy Sussman/WWD/Shutterstock; 147 Siting Liu; 148 Gabriel Villena; 150l Ashley Whitaker; 151 Nataša Kekanović. Commissioned by SHOWStudio for Milan Fashion Week Menswear A/W 2017; 152l Gabriel Villena; 152r Alina Grinpauka; 155l & r Jousianne Propp; 159 VecFashion/Templatesforfashion.com; 161 Nikki Kaia Lee; 162 Courtesy Christopher Raeburn; 164 Constance Blackaller; 165 Courtesy ITS. Photo Pablo Chiereghin/ITS 2018; 167 Paola M. Riós; 168 Portfolio by Momoko Hashigami, courtesy ITS, photo Daniele Braida/ITS Creative Archive; 169a Courtesy Joseph Veazey/JosephVeazey.com; 169b Kevin S. Warwick. Private Collection; 171 Courtesy ITS. Photo Giuliano Koren/ITS 2018; 174 Valeria Pulici; 178 Pixel-shot/Shutterstock; 181 Courtesy ITS. Photo Daniele Braida/ITS 2018; 182 Elaina Betts; 183 Manon Okel; 193 Nataša Kekanović;197 Imaginechina/Shutterstock; 199 Alba_alioth/Shutterstock.

Illustrations for Laurence King Publishing by Johnathan Hayden 28, 78, 79b, 87l & r, 91, 105, 125, 129, 149, 154, 156–157, 173, 177, 179, 205–213; and Lara Wolf 150r, 201–204.

Acknowledgments

鸣谢

我谨向所有为本书做出贡献的人表示感谢：劳伦斯·金出版社（Laurence King Publishing）的海伦·罗南（Helen Ronan）、苏菲·怀斯（Sophie Wise）、克莱尔·道布尔（Clare Double）和朱莉亚·赫林顿（Giulia Hetherington），在业内评审过程中提供了宝贵指导的人，以及所有展示视觉材料的贡献者，并特别感谢拉拉·沃尔夫（Lara Wolf）和约翰逊·海登（Johnathan Hayden）的作品。

我还要感谢我的丈夫保罗·埃蒙斯（Paul Emmons），以及女儿达芙妮（Daphne）和佩内洛普（Penelope）在写作过程中给予我无尽的耐心和支持。

最后，特别感谢所有时装专业的老师们。每天，老师们都在为学生的成长做出积极的贡献，并塑造整个时装产业的未来。在学习期间指导过我的教授们，以及到目前为止有幸共事的同事们，都加深了我对老师们每天工作的意义和价值的认识。因此，这本书献给他们。

作者